新农科·专题论丛
年度进展报告系列

全国新农科建设进展报告

进展报告

（2023-2024）

全国新农科建设中心

U0213389

中国教育出版传媒集团
高等教育出版社·北京

内容提要

本书是由教育部高等教育司指导,全国新农科建设中心主编的新农科建设进展系列年度报告。本书聚焦高质量高等农林教育体系建设主题,汇集 2023 年以来新农科建设最新研究与改革实践成果。全书设置总报告、专题研究、国际视野、专家观点、典型案例五个内容模块,从构建高质量高等农林教育体系面临的主要挑战和关键举措、涉农高校新农科建设进展与反思、高等农业教育层次结构、高等农林院校学科专业布局、新农科跨学科专业建设机制等主题展开全面、系统的分析。同时,汇集专家观点及 16 所涉农高校新农科建设进展与成效案例,为全面深化新农科建设、推动高等农林教育创新发展提供借鉴与启示。

图书在版编目（CIP）数据

全国新农科建设进展报告 . 2023—2024/ 全国新农科建设中心编 . -- 北京：高等教育出版社，2024.9.

ISBN 978-7-04-062909-5

Ⅰ. S

中国国家版本馆 CIP 数据核字第 2024C03R96 号

Quanguo Xinnongke Jianshe Jinzhan Baogao

策划编辑 赵晓玉　　责任编辑 赵晓玉　　封面设计 赵 阳　　责任印制 赵 佳

出版发行	高等教育出版社	网　　址	http://www.hep.edu.cn
社　　址	北京市西城区德外大街4号		http://www.hep.com.cn
邮政编码	100120	网上订购	http://www.hepmall.com.cn
印　　刷	北京中科印刷有限公司		http://www.hepmall.com
开　　本	787mm×1092mm　1/16		http://www.hepmall.cn
印　　张	15		
字　　数	280 千字	版　　次	2024 年 9 月第 1 版
购书热线	010-58581118	印　　次	2024 年 9 月第 1 次印刷
咨询电话	400-810-0598	定　　价	59.00 元

《全国新农科建设进展报告（2023—2024）》
编委会

主　任　孙其信

成　员（按姓氏笔画排序）

王进军　安黎哲　严纯华　杜江峰　李召虎

杨桂山　吴普特　宋文龙　陈发棣

编写组

主　编　孙其信

副主编　林万龙　曹志军　金　帷

成　员　杨　娟　朱菲菲　吴嘉琦　梁雪琴　邓淑娟

前　言

党的二十大报告统筹部署教育、科技、人才"三位一体"战略，同时首次明确提出要加快建设农业强国，把农业强国建设正式纳入社会主义现代化强国建设战略体系，这体现党和国家对强国建设规律与我国现实国情的深刻洞察。高等农林教育体系作为我国高等教育体系的重要组成部分，是支撑教育强国与农业强国建设战略目标的重要结合点，肩负重大时代使命。立足新时代新征程，加快新农科建设对于全面推进高等农林教育创新发展、支撑引领农业强国建设意义重大。在教育部高等教育司的指导下，全国新农科建设中心编写了《全国新农科建设进展报告（2023—2024）》，聚焦高质量高等农林教育体系建设主题，汇集 2023 年以来新农科建设最新研究与改革实践成果。全书共包括五个部分。

一、总报告。一是从落实党的二十大重要精神，推动高质量高等教育体系建设的角度入手，对涉农高校加快推进新农科建设，构建高质量高等农林教育体系面临的主要挑战和关键举措进行了分析；二是系统回顾反思过去 5 年新农科建设进展，提出新农科建设要对标新质生产力，在专业布局、课程体系、人才培养模式等关键发力点取得新的突破。

二、专题研究。一是通过对世界不同类型农业强国的高等农业教育层次结构进行比较分析，为持续优化我国高等农业教育层次结构，推动高等农业教育高质量发展提出政策建议；二是聚焦高等农林院校学科专业布局现状特征、演变趋势和驱动因素，从学科专业供给与产业行业需求的互动视角分析高等农林院校学科专业布局结构与产业结构的耦合关系，为优化高等农林院校学科专业布局调整提出政策建议；三是以智慧农业专业为案例，从动力机制、知识机制及组织机制三方面对涉农高校跨学科专业建设的探索与进展进行系统分析，并提出跨学科专业建设机制创新的路径。

三、国际视野。一是以国内外四所知名高校农学相近专业为案例，对人才培养目标、课程体系和实践教学体系设置进行对比，为提升我国高等农业院校农学专业人才培养质量提供参考与借鉴；二是对国内外四所一流涉农高校农业工程专业人才培养方案和课程设置进行比较分析，从专业培养目标、不同类型课程设置、学分分布等方面探讨农业工程专业高质量课程体系建设情况和发展趋势。

四、专家观点。 以首届世界农业科技创新大会召开为契机，精选国内外 43 位参会涉农大学校长、知名专家学者、企业家发言，以涉农大学的使命、未来农业发展趋势、农业面临的机遇与挑战、人工智能与高等农业教育、学科交叉创新与人才培养以及产学研融合推动大学科技创新六大核心议题，全面展示高等农业教育领域的前沿思考与实践动态，为深化新农科建设提供启示与参考。

五、典型案例。 聚焦涉农高校新农科建设进展、成效，汇集全国 16 所涉农高校典型案例，从改革实践层面集中展现入选案例高校在人才培养模式改革、课程体系调整、实践基地建设、产教融合模式探索等方面取得的成效与经验。

希望本书为涉农高校教育工作者、研究者及感兴趣的读者提供参考和借鉴，以期合力推动全国新农科建设再深化、再提高，不断开创高等农林教育新的局面。

全国新农科建设中心

2024 年 5 月

目 录

Ⅰ 总报告

3 / 以高质量高等农林教育体系支撑引领农业强国建设
9 / 新农科建设要对标新质生产力

Ⅱ 专题研究

21 / 高等农业教育层次结构研究
43 / 高等农林院校学科专业布局研究
56 / 新农科建设背景下跨学科专业建设的机制探索与创新

Ⅲ 国际视野

77 / 国际著名院校农学相近专业人才培养方案的比较研究
88 / 世界一流高校农业工程专业课程体系研究

Ⅳ 专家观点

111 / 主题一：涉农大学的职责使命
118 / 主题二：未来农业发展的主流趋势
123 / 主题三：农业领域面临的机遇与挑战
126 / 主题四：人工智能与高等农业教育
131 / 主题五：学科交叉创新与人才培养
133 / 主题六：产学研融合推动大学科技创新

V 典型案例

139 / 中国农业大学："二元融合、五维拓展"的卓越畜牧人才实践教育模式创新与推广

143 / 北京林业大学："五位一体"推进新农科建设 着力培养生态文明建设领军人才

148 / 西北农林科技大学："名师引领 五联驱动 三有三强"植物保护卓越人才培养体系构建与实践

152 / 华中农业大学："四循环"一体培养兼具"两家"素养的牧医领军人才

156 / 中国海洋大学：依托学科群构建拔尖人才培养跨专业融合机制及其实践

160 / 沈阳农业大学：新时代作物学德才兼备高层次人才培养模式研究与实践

163 / 东北林业大学：生态报国守初心 以林育人担使命

169 / 四川农业大学：以"人才 + 科技 +N"构筑科创乡村产教融合共同体

173 / 浙江农林大学："碳中和与农林固碳减排"微专业建设探索与创新实践

179 / 上海交通大学：服务超大城市都市现代农业 走出综合性大学农科实践育人新路径

186 / 上海海洋大学："需求导向、校际协同、国际合作、平台创新"培养一流专业人才

192 / 河北农业大学："铸魂 夯基 赋能"新林科卓越人才培养路径探索与实践

200 / 山西农业大学：深入推进科教融合，赋能新农科建设高质量发展

207 / 广东海洋大学：践行科产教深度融合 赋能水产双创人才培养

211 / 天津农学院："铸魂为本、实践为纲、融合为要"都市农业应用型人才培养

217 / 延边大学：新农科背景下农科类创新创业人才"12342"培养体系的构建与实践

224 / 新农科大事记（2023—2024）

231 / 全国新农科建设进展简报👆

┃ 总 报 告

以高质量高等农林教育体系支撑引领农业强国建设

孙其信

（中国农业大学）

党的二十大报告强调加快建设高质量教育体系，统筹部署教育、科技、人才"三位一体"战略，为教育推进全面建设社会主义现代化国家进程赋予了新的历史使命。同时，党和国家首次明确提出要加快建设农业强国，把农业强国建设正式纳入社会主义现代化强国建设战略体系，为我国农业现代化建设指明了方向和目标。这体现党和国家对强国建设规律与我国现实国情的深刻洞察，为高等农林教育发展提供了根本遵循。高等农林教育体系作为我国高等教育体系的重要组成部分，是支撑教育强国与农业强国建设战略目标的重要结合点，肩负重大时代使命。立足新时代新征程，应以新农科建设为统领，加快构建高质量人才培养体系，支撑引领农业强国建设。

一、在农业强国战略中把握高等农林教育的时代使命

高等农林教育是国家农业发展第一生产力、高素质农业人才第一资源、农业科技创新发展第一动力的重要结合点，是农业强国战略的重要支撑。纵观世界农业强国的历史发展过程可以发现，其最显著的特征之一是高等农林教育体系强。美国"赠地大学"为国家农业现代化培养了高素质农业人才，促进了农业科学技术的渐进更新，推动了农业产业的发展。荷兰瓦赫宁根大学紧密结合农业产业需求进行人才培养，成为常年稳居世界第一的农业科学高校，推动荷兰农产品、食品加工和花卉等产业技术创新保持全球领先。从国际视野来看，我国农业在生产效率、高水平人才支撑、科技创新等方面与发达国家相比仍然存在一定差距。加快推进农业强国建设，需要贯彻新发展理念，以科技创新为驱动，实现农业教育、科技、产业与人才成长的深度融合，进一步提升高等农林教育在农业强国战略布局中的定位，构建与农业强国建设相适应的

面向科技前沿、面向产业、面向乡村、面向国际的高质量高等农林教育体系。

构建高质量高等农林教育体系的核心是高质量人才培养体系建设。涉农高校是建设高质量人才培养体系、构建高质量高等农林教育体系、贯彻落实以高质量高等农林教育促进农业强国建设的重要主体，肩负服务国家重大战略需求的重要使命。涉农高校应锚定国家重大战略需求，主动融入国家区域创新战略和强国建设体系，主动适应国际农业科技前沿发展趋势，不断优化与新发展格局相适应的高等教育规模、结构、质量和空间布局，不断完善高质量高等农林教育体系，以"世界水平""中国特色""农林优势"引领高等农林教育走高质量发展之路，为加快建设农业强国提供坚实的科技和人才支撑。

二、高质量高等农林教育体系建设面临的主要挑战

改革开放 40 余年，我国在人才培养方面已积累一定基础，已建成世界上规模最大的高等教育体系，国际知名、有特色的高水平涉农高校建设取得显著成效。[1] 然而，涉农高校在高质量高等农林教育体系建设方面仍面临诸多挑战，学科专业布局结构有待优化，拔尖创新人才自主培养体系有待完善，"科教融汇、产教融合"人才培养模式改革有待深化，高质量高等农林教育体系建设仍需加强。

（一）高等农林教育学科专业布局结构有待优化

高等农林教育学科专业结构更加多元化、体系化，人才培养特点更加分类化、复合化。[2] 伴随着农业领域的持续发展与变化，高等农林教育学科专业布局与建设方面存在以下突出问题：一是优势学科单兵作战，集群效应未能得到充分发挥。目前，全国涉农高校围绕服务农业农村重大问题，以"大项目"形式组建"大团队"进而解决"大问题"的模式尚未形成，抢占世界农业科技竞争制高点的能力仍显不足。二是基础学科建设实力薄弱，不足以支撑原始创新突破。涉农高校通常以农林学科单科优先发展为主，缺乏数理化、天地生等关键基础学科的支撑，农业领域难以在育种、环境、能源等复杂科学问题上取得原创性和突破性的成果。三是传统学科比重过大，不

---

[1]　董维春，董文浩，刘晓光.中国近现代高等农业教育转型的历史考察与展望——基于教育与社会系统互作分析框架 [J].中国农史，2022，41（4）：36-50.

[2]　同上。

能很好适应新质生产力发展的需要。前沿学科比重较小，难以满足现代农业全产业链高质量发展的科技和人才需求，亟须围绕改造提升传统产业、培育壮大新兴产业、布局建设未来产业新质生产力的发展需求，优化学科专业战略布局。四是交叉学科发展相对缓慢，学科交叉纵深程度有待提升。在农业领域重大问题解决方面尚未完全形成跨学科、跨机构合作攻关组织模式，农业领域交叉学科人才培养体系尚待完善，农林交叉学科高层次人才培养进程滞后。

（二）拔尖创新人才自主培养体系有待完善

涉农高校拔尖创新人才自主培养体系是高质量高等农林教育体系的重要组成部分，也是我国农业强国建设的基础性、支撑性要素。自新农科建设启动以来，涉农高校不断深化人才培养模式改革，取得了重要进展和显著成效。但是，面对农业领域基础研究与原始创新力量相对薄弱、许多关键核心技术受制于人，许多重要动植物种质资源和农业装备依赖国外的总体形势，涉农高校在拔尖创新人才自主培养方面仍面临巨大挑战。一是农业领域拔尖创新人才培养模式改革相对滞后，缺乏突破性进展。需要进一步基于拔尖创新人才成长规律进行系统设计，打造体系化、高层次拔尖创新人才培养平台、改革特区；二是课程知识体系在一定程度上滞后于科学研究和现代产业发展，跨学科知识之间交叉程度不够深入，未能很好地平衡知识体系设计中的"宽"与"深""基础"与"前沿"问题，学生知识学习存在"宽而不深""跨而不融"的问题；三是面向未来国际竞争大变局，提升我国农业国际竞争力，迫切需要加大具备全球胜任力的拔尖创新型农林人才，但当前涉农高校国际化教育合作水平难以对接提升我国农业国际竞争力的迫切需要。

（三）"科教融汇、产教融合"人才培养模式改革有待深化

第四次科技和产业革命引领推动着农业领域变革，促使现代农业向基因化、数字化、工程化、绿色化、营养化发展，推动高等农林教育"科教融汇、产教融合"人才培养模式不断优化改革。人才培养模式的创新在于人才培养、科技创新与产业发展之间的紧密联系与互动，应聚焦"科教融汇、产教融合"的人才培养体系进行重构与创新。目前，我国涉农高校传统学科比重过大，人才培养与产业联动不足，难以满足现代农业全产业链高质量发展的科技和人才需求，亟须围绕改造提升传统产业、培育壮大新兴产业、布局建设未来产业的新质生产力发展需求，提升人才培养质量与社会需求匹配程度。涉农高校支持企业参与拔尖创新人才培养的顶层制度设计不健全，人才

培养存在供给侧与需求侧脱节问题，产业人才需求与专业人才培养质量匹配程度不高。分类培养改革实施力度不够大，重"学术"轻"应用"的倾向仍然存在，高层次应用型人才培养数量有待增加，培养质量有待提升。涉农高校亟待以科教融汇人才培养平台有效促进高层次拔尖创新人才培养能力提升，充分发挥科技创新成果和科研平台的育人作用。

三、以新农科建设为统领，加快构建高质量高等农林教育体系

高等农林教育应自觉肩负起以教育、科技、人才"三位一体"支撑引领农业强国建设的重大责任与时代使命，扎根中国大地，彰显中国特色，以新农科建设为统帅，注重全局性谋划、战略性布局、整体性推进，以高质量人才培养体系建设为着力点，构建高质量高等农林教育体系，为建设农业强国筑牢人才根基。

（一）优化学科专业布局，打造中国特色、世界一流的高等农林教育体系

围绕粮食安全、生态文明、智慧农业、营养与健康、乡村发展等新农科领域，大力优化农业领域学科建设与专业布局，在交叉学科门类中补充增设相关一级学科，培育发展二级交叉学科。一方面，瞄准国家农业相关"高精尖"领域，加快推进实施教育部一流学科培优行动，坚持"优中选优"，在生物育种、关键农机装备、营养与健康、农业绿色发展等方向重点布局一批"国家队"学科，构建一批具备国际比较优势、能够抢占世界农业科技竞争制高点的优势特色学科群。进一步支持高校从一流学科中储备培育若干具有冲击世界顶尖水平潜力的学科，力争产出标志性重大成果。另一方面，推进新农科专业结构战略性调整与关键领域改革试点，优化专业布局。围绕涉农领域急需紧缺人才培养需求，持续优化、动态调整新农科人才培养引导性专业，对标前沿科技、先进业态，切实体现专业设置的先进性。推进专业结构战略性调整，通过新增撤销、转型优化，不断论证设置、升级改造学科专业，打造适应引领未来产业发展的学科专业结构，更好地服务新技术、新产业、新业态发展，打造中国特色、世界一流的新农科人才培养模式。

（二）对接国家战略需求，完善高质量拔尖创新人才培养体系

围绕涉农领域急需紧缺人才培养需求，完善高质量拔尖创新人才培养体系，培养高质量农林人才。大力推进农科与生命科学、信息科学、工程科学、社会科学等学科

的深度交叉融合，加快生物育种科学、应用分子生物学、基因组学领域的前沿技术攻关，以基础学科顶尖人才稳大局、应变局、开新局。深化实施"基础学科拔尖学生培养计划 2.0""强基计划""101 计划"等人才培养专项。围绕粮食安全、健康中国、"双碳"、乡村振兴、制造强国等国家重大战略，组建学科集群，布局分子设计育种、智能化农机装备制造、智能育种机器人、功能性物质生物合成和细胞工厂、新型食品加工等面向未来农业学科人才培养的重点领域，突破现有的人才培养模式和组织机制，谋划高层次人才培养特区，探索贯通式培养机制，从选拔、培养、评价多个环节掀起拔尖创新人才培养的"质量革命"，摆脱当前人才培养"有高原、无高峰"的现实困境。

（三）锚定行业产业人才需求，创新"科教融汇、产教融合"育人机制

瞄准战略性产业和未来产业需求，创新"科教融汇、产教融合"育人机制，变革传统人才培养模式。统筹农业领域全国重点实验室、省部级重点实验室等重大科研平台资源，构建面向农业基础领域前沿学科的科教融汇人才培养支撑体系。大力支持"从 0 到 1"的农业基础研究和应用基础研究联合攻关，促进"科教融汇、产教融合"，将科研资源、行业资源转化为育人资源。设立高校基础研究能力提升专项，解决育种、环境、信息、能源、材料等领域的基础科学问题，开展基础前沿理论与关键核心技术创新，特别是在"无人区"探索研究，产出一批基础性、原始创新成果，辐射带动基础研究领域拔尖创新人才培养。以引领未来产业发展为导向，进一步聚焦农业新兴前沿学科领域，推进学科专业设置优化调整，培养能够支撑引领当下和未来产业、现代农业发展的拔尖创新人才。高校与政府、企业、前沿科技实体等形成跨界战略性联动，推动知识生产模式转型，从根本上解决人才培养与社会经济发展不相匹配和协调的问题。

（四）推进教育数字化，赋能高等农林教育高质量发展

习近平总书记在主持中共中央政治局第五次集体学习时指出："教育数字化是我国开辟教育发展新赛道和塑造教育发展新优势的重要突破口。"这一重要论述深刻揭示了教育数字化的关键作用，为把握新一轮科技革命和产业变革深入发展的机遇、建设教育强国指明了方向和路径。在此时代背景下，发展数字教育、推进教育数字化、推进教育现代化是大势所趋、发展所需、改革所向。涉农高校应将国家教育数字化战略行动融入高质量农林教育教学共同体，以数字化赋能教师队伍高质量发展，丰富数

字化教学资源，持续增强课程的前沿性、交叉性和挑战性；应发挥高校输出人才和科技的引擎作用，运用虚拟仿真、数字孪生等技术创设实践场景，切实推动科研、教育和产业融会贯通，解决行业、产业、地方难题，加快技术成果转化，在探索中国特色高等农林教育数字化建设、推动农业强国建设道路上迈出坚实的步伐。

（五）坚持高水平对外交流，加快构建高等农林教育对外开放新格局

加快构建高等农林教育对外开放新格局，不断提升涉农高校在国际高等农林教育领域的影响力。面对"两个大局"交织激荡的时代背景，涉农高校应继续保持高水平对外开放，提升国际影响力，优化全球战略，这是建设农业强国的应有之义。着眼于我国农业强国建设与全球发展的大势，涉农高校应打破"关门办学"的模式，加快构建高等农林教育对外开放的新格局，加强全球协作交流，主动与行业领域世界一流高校开展更高水平的合作，探索灵活多元的合作方式，深度融入全球教育体系，培养一批具备全球战略眼光，拥有农业领域顶尖技术和创新能力的世界一流人才，为实现农业大国向农业强国的转变提供智力支撑。

新农科建设要对标新质生产力

——基于对过去五年新农科建设进展的反思

林万龙　朱菲菲

（中国农业大学）

2023 年 9 月，习近平总书记在黑龙江考察时提出要"整合科技创新资源，引领发展战略性新兴产业和未来产业，加快形成新质生产力"，随后在中央经济工作会议上再次强调要"以科技创新推动产业创新，特别是以颠覆性技术和前沿技术催生新产业、新模式、新动能"。新质生产力的提出是马克思主义生产力理论在我国时代化、特色化的发展，是各行各业挖掘发展新优势、创造新动能的理论指引。培养面向未来的新型农业科技人才，发展农业新质生产力，更好地支撑农业强国建设，是我国高等农林教育在新时代新征程上必须担起的历史重任。高等农林教育要把握好新农科建设的关键契机，加快涉农高校改革与创新发展，全面提高人才自主培养质量。反思新农科建设过去 5 年的实践，我们认为，新农科建设在对标新质生产力方面做得还不够。我们必须意识到，不是高等农林教育的所有改革和创新都可以认为是新农科建设。新农科"新"在哪里，"力"往何处使，是下一步高等农林教育改革与发展的突破口。

一、时代使命：农业强国和高水平人才自主培养

（一）农业强国建设是新时代的新使命

最早提出"生产力"概念的法国经济学家弗朗索瓦·魁奈认为，"农业是生产的自然源泉"，生产性的劳动主要是指农业劳动，只有通过农业生产才能实现经济的增长。[1] 然而新形势下世界农业面临诸多挑战，粮食安全问题将持续存在，农业资源受

---

[1] 李政，廖晓东. 新质生产力理论的生成逻辑、原创价值与实践路径 [J]. 江海学刊，2023（6）：91-98.

到限制，生态环境面临威胁，现代农业发展处在科技化、高效化、绿色化、可持续发展转型的关键时期。通过科技创新，彻底改变农业传统生产方式，发展新质生产力是现代农业发展的必然选择。

党的二十大报告明确提出要"加快建设农业强国"，把农业强国建设正式纳入社会主义现代化强国建设战略体系，为我国农业现代化建设指明了目标和方向。"建设农业强国，利器在科技，关键靠改革"，"要依靠科技和改革双轮驱动加快建设农业强国"，"要紧盯世界农业科技前沿，大力提升我国农业科技水平，加快实现高水平农业科技自立自强。"[1]建设农业强国，实现高水平农业科技的自立自强离不开教育和人才。党的二十大报告设"实施科教兴国战略，强化现代化建设人才支撑"专章，将教育摆在了极其重要的位置，为今后一段时间我国教育事业的发展提供了根本遵循。

（二）新质生产力发展不足是我国农业强国建设的最大短板

建设农业强国、实现农业现代化，既要有一般现代化农业强国的共同特征，又要基于中国特色。我国是农业大国，但还不是农业强国。在过去的60年里，我国农业经济保持高速增长，农业总产值占全球农业总产值的22.5%，位列第一，[2]但我国农业强国战略整体实现度为67.2%。[3]对标新质生产力和现代农业强国的特征，我国农业在生产效率、科技创新、高水平人才支撑等方面与发达国家相比还存在一定的差距。

我国农业生产率在全球农业中处于较低水平。2021年我国农业就业人数占就业总人数的比重为24%，加拿大、美国等农业强国仅为1%~3%。[4]我国以24%的农业劳动力产出GDP的6%，而美国以1.4%的农业劳动力产出GDP的5%。中国农业就业人数是美国的90倍，每单位农业增加值中国较美国多投入14个单位的劳动力。[5]

前沿性科学技术发展滞后，缺乏重大原创性成果。虽然我国农业科技进步贡献率从2012年的54.5%提高至2022年的62.4%，但发达国家科技对农业的贡献在80%

[1]　习近平.加快建设农业强国　推进农业农村现代化［J］.求是，2023（6）：4-17.

[2]　樊胜根.从国际视野看中国建设农业强国［N/OL］.农民日报，2023-01-17（6）［2024-01-05］.https://www.rmzxb.com.cn/c/2023-01-17/3279410.shtml.

[3]　高旺盛，孙其信，陈源泉，等.世界农业强国评价指标构建与中国对标分析［J］.中国农业大学学报，2023（11）：1-13.

[4]　世界银行.农业就业人员（占就业总数的百分比）-China［EB/OL］.［2024-01-07］.https://data.worldbank.org.cn/indicator/SL.AGR.EMPL.ZS?locations=CN.

[5]　同上.

左右，[1] 我国农机产品对进口的依赖较大，国产大农机与国外高端农机装备之间尚存在关键核心技术上的壁垒。[2] 我国农业科技中国际领跑型技术仅占 10%，并跑型技术占 39%，跟跑型技术占 51%。[3] 现代农业发展新质生产力是我国农业发展转型的关键窗口期。

高水平农业科技人才支撑力度不足，限制了建设农业强国的进程。当前我国高等农林教育人才培养存在传统人才较多、复合应用型少，整体素质偏低，高层次创新型人才匮乏等问题。据调查，我国高水平农业科学家所占比例是 0.049‰，美国是 0.738‰。[4]

二、未来已来：现代农业之大变革

（一）现代农业科技的关键突破点

以基因技术、量子信息技术、新材料新能源技术、虚拟现实等为代表的第四次科技和产业革命已经到来，同时也带动了农业领域新革命。乌尔里希·森德勒在《工业4.0：即将来袭的第四次工业革命》中指出，技术创新带来的革命性变化不仅仅发生在工业领域，农业、服务业也都发生了革命性的变革。[5] 每一次科技变革都会带来农业领域的革新，推动农业生产方式转型和产业结构升级：第一次从投入人畜的简单、低效的经营模式进入以机械耕作的时代；第二次以进化论、杂种优势学说、遗传学理论等发展出了现代农业育种技术、现代化肥技术等；第三次则以 DNA 双螺旋结构、计算机和信息技术、生物技术为支撑。[6]

[1] 魏后凯，崔凯．面向 2035 年的中国农业现代化战略［J］．中国经济学人（英文版），2021，16（1）：18–41.

[2] 刘慧．高端市场被进口农机垄断　大农机如何不被"卡脖子"？［EB/OL］．（2021–08–16）［2024–01–12］．https://www.chinanews.com/cj/2021/08-16/9544142.shtml.

[3] 高旺盛．扛起"两军"建设重任　涉农高校需处理好"三个关系"［N/OL］．科技日报，2021–07–26（8）［2024–01–13］．https://digitalpaper.stdaily.com/http_www.kjrb.com/kjrb/html/2021-07/26/node_9.htm.

[4] 高旺盛，孙其信，陈源泉，等．世界农业强国评价指标构建与中国对标分析［J］．中国农业大学学报，2023（11）：1–13.

[5] 森德勒．工业 4.0：即将来袭的第四次工业革命［M］．邓敏，李现民，译．北京：机械工业出版社，2014.

[6] 面向 2023 的农业新兴、前沿、交叉学科研究项目组．面向 2035 的农业新兴、前沿、交叉学科研究［M］．北京：高等教育出版社，2023.

经济学理论认为，技术创新能够提高资源的使用效率。美国科学院公布了未来十年美国农业科技领域亟待研究和突破的五大关键技术，分别是系统认知分析、精准动态感知、数据科学、基因编辑、微生物组。农业领域的科技突破能够大大提高生产效率，使农业生产出现人工智能操控的特点。如德国 Infarm 公司利用高容量、自动化、模块化的种植与配送中心，粮食生产效率比传统土壤农业高 400 倍。但相对于工业及其他行业，以数字科学、物联技术为例，农业领域的数字化程度仍然较低。作为农业强国的美国目前也仅有约 1/4 的农场使用 2G 或 3G 数字技术设备和网络连接，并不能很好地完成对农作物、畜牧的高级监测。[1] 而未来像 LPWAN、5G、LEO 卫星等先进和前沿的数字连接技术可以从根本上改变农业生产方式，如智能作物监控、无人机耕作、智能牲畜监测、自主农业机械、智能建筑与设备管理等。麦肯锡研究显示，到 21 世纪末，通过加强农业的物联技术能够使全球生产总值增加 5 000 多亿美元，使农业的生产率再提高 7% ~ 9%。[2]

（二）技术变革催生农业新产业、新业态

农业科技革新推动了现代农业产业变革，农业发展呈现出了一二三产业融合的特征，产业链条持续延伸，基因化、数字化、工程化、绿色化、营养化成为农业产业发展的新方向。合成生物学、干细胞育种等颠覆性技术推动细胞工厂、人造食品等新业态发展；个性化营养与健康衍生出食品定制新产业；基因工程、智能装备极大压缩了农业的自然属性；全链条协同创新催生农业生产绿色低碳、可持续发展新态势。

新产业、新业态能够充分挖掘行业潜力，释放产业新的发展动能。2022 年我国新产业、新业态、新商业模式的"三新"经济附加值约占国家 GDP 的 17%。[3] 然而，我国农业新产业、新业态发展与发达国家存在较大差距。2020 年，美国农业产出占 GDP 的 0.6%，但农业和食物及其相关行业占 GDP 的 5%，远高于农业对整个经济的贡献。[4]

[1] 戈德，卡茨，梅纳尔，等.农业的互联未来：技术如何产生新的增长［EB/OL］［2024-01-13］. https://www.mckinsey.com/industries/agriculture/our-insights/agricultures-connected-future-how-technology-can-yield-new-growth.

[2] 同上。

[3] 国家统计局.2022 年我国"三新"经济增加值相当于国内生产总值的比重为17.36%［EB/OL］.（2023-07-28）［2024-01-13］.https://www.stats.gov.cn/sj/zxfb/202307/t20230727_1941591.html.

[4] 樊胜根.从国际视野看中国建设农业强国［N/OL］.农民日报,2023-01-17（6）［2024-01-05］. https://szb.farmer.com.cn/2023/20230117/20230117_006/20230117_006.html.

而 2020 年我国农业及相关产业附加值占 GDP 的 16.47%，仅为农林牧渔业增加值的 2.05 倍，远低于世界农业强国的水平。[1]

（三）农业和乡村的多功能性进一步拓展

2021 年农业农村部发布的《关于拓展农业多种功能　促进乡村产业高质量发展的指导意见》指出，要发展乡村产业功能，拓展生态涵养、休闲体验、文化传承功能；发展乡村产业，构建农产品高效加工体系，打造农业全产业链。习近平总书记在 2022 年中央农村工作会议上强调要"依托农业农村特色资源，向开发农业多种功能、挖掘乡村多元价值要效益，向一二三产业融合发展要效益……推动乡村产业全链条升级"。农业农村功能的拓展，是在现代科学技术下顺应产业发展规律，激发农业生产动能的必然趋势。有研究显示，在新技术的推动下，农产品通过标准化生产、产后加工、品牌建设会增值 5～10 倍。[2]

三、新农科建设必须对标新质生产力

新质生产力是马克思主义生产力理论在当前社会经济发展新形势下的最新演化和发展。新质生产力，重在"新"和"质"，"新"是创新的"新"，"质"是高质量的"质"，是质变的"质"，代表着生产力各要素质的跃升。相对于普通生产力，现代农业新质生产力以关键颠覆性科学技术为突破，以人工智能、物联技术、数智化等为新的生产工具，以高素质创新型人才为主要劳动力，以新兴产业和未来产业为新载体，发掘农业农村新功能，释放农业发展新动能。

（一）对新农科内涵的再认识

新农科建设要对标新质生产力，要对新农科的内涵进行再度审视。新农科必须抛弃固化的"农"的思维和传统的发展模式，要有新理念和新目标。首先，要突破传统的农业观，"农"的概念发生了重大转变，农业研究对象的内涵和外延发生重大变化。

[1]　国家统计局.2020 年全国农业及相关产业增加值占 GDP 比重为 16.47%［EB/OL］.（2022-01-12）［2024-01-13］. https://www.stats.gov.cn/sj/zxfb/202302/20230203_1901331.html.

[2]　中国宏观经济研究院.准备把握新一轮产业技术革命的新特征［EB/OL］.（2021-07-12）［2024-01-13］. https://www.ndrc.gov.cn/xxgk/jd/wsdwhfz/202107/t20210712_1290219.html.

新农科的内涵概括起来就是"新农业""大农科"。[1]"新农业"是以现代生物技术、信息技术、工程技术、人文社会科学技术交叉融合引领现代农业创新发展。"大农科"不仅仅是农业的科学，还是涉农的科学，是顺应和探索农业和乡村的多功能性，拓展"农"的边界由第一产业向第二、第三产业延伸，引领农科新兴产业、新兴业态的培育与发展。按照这一视角，新农科的范围不仅仅涵盖"新农业"，而且还延伸到营养健康、医学和公共卫生、绿色发展、乡村治理、农业文化、三产融合等诸多新的领域。总之，新农科体现的是前沿科技、先进业态，是新质生产力。

（二）不能把新农科建设简单等同于高等农林教育的创新发展

过去五年中涉农高校在一系列工作中对新农科之"新"的内涵理解不够深刻，似乎简单地将有关高等农林教育的改革创新都统称为新农科建设，导致新农科建设标准降低、范围泛化、影响力缩小，不符合新农科最初设立的初衷和理念，值得认真反思。

新质生产力区别于常规生产力，是社会经济发展的生力军和引领者，新农科建设要引领高等农林教育的创新发展，必须对标新质生产力。创新时刻都在发生，但并非所有新出现的事物都是新质生产力，并非高等农林教育的所有改革创新都是新农科建设。根据马克思主义生产力理论中的劳动对象、劳动工具、劳动者三要素论，新农科建设对标新质生产力，劳动对象要对标农业先进业态而非传统业态，劳动工具要对标农业科技前沿而非常规科技，劳动者要对标创新领军人才而非传统应用型人才。然而，过去五年新农科建设工作似乎与上述标准存在较大的偏差，具体来说：

第一，新设的农科专业并不一定是新农科专业。新农科专业必须要瞄准最前沿的科技和先进业态，一定要走在产业前面。新农科建设工作启动以来，涉农高校加快专业结构布局调整，新增备案涉农专业 88 个，占新增备案专业的 5.4%；新增审批涉农专业 12 个，占新增审批专业的 6.8%；撤销涉农专业 39 个，占撤销专业的 4.2%。但对标新质生产力不难发现，部分新设专业并没有对标先进科技和业态，并未体现新质生产力，尚未达到新农科专业的建设标准。

第二，传统课程内容的改造升级并不能达到新农科专业建设标准。随着科技革命的不断发展，数字化技术、智能化养殖、基因编辑、绿色营养健康等先进技术产业已

---

[1]　林万龙，金帷.农业强国背景下新农科建设内涵与路径的再认识［J］.国家教育行政学院学报，2024
（1）：37–43.

经走在了学校的前面，而目前涉农高校大部分的课程依然聚焦于传统农业的生产模式，明显滞后于现代农业发展的需要。传统专业改造仅仅是调整部分课程体系、部分课程内容，如果不对标新质生产力，无论调整的比例有多大，都不能认为这样的专业升级改造是新农科建设的一部分。

第三，涉农人才培养模式改革不等于新农科人才培养模式改革。过去五年，各涉农高校在人才培养模式改革上都有不少动作，但改革如果不是瞄准最前沿的科技、业态，难以称之为新农科人才培养模式改革。新农科建设一定要瞄准世界农业前沿科技，培养领军型农科拔尖创新人才，实现高水平农业科技自立自强。识别、培养新型农科人才，突破制度、传统教育学培养模式的限制，是下一步新农科建设的重点发力点。

创新无处不在，新农科建设所需要的创新，必须对标新质生产力，否则就是对新农科概念的泛化，其结果必然是新农科建设影响力和作用日趋衰微，不利于新农科建设服务农业强国建设目标的实现。

四、新农科建设对标新质生产力的主要发力点

涉农高校是培养支撑引领现代和未来农业产业发展新质农科人才的主要阵地，而当下人才培养质量和服务于国家重大战略的水平不高、能力不足。新质生产力对涉农高校人才培养提出了更高要求，新农科建设一定要以新质生产力为标准，时刻反思专业布局是否面向先进业态和前沿科技，人才培养模式改革是否面向创新领军型农科人才。新农科应探索将以下方面作为高等农林教育创新改革的关键发力点和突破口。

（一）专业布局要有"新"突破

面对世界未来农业发展的必然趋势和农业农村现代化建设的现实需求，新农科专业布局要有一些"新"的突破和"质"的变化。一是要瞄准科技前沿前瞻性地布局一批新兴专业和未来专业，将其他领域的先进技术创新、拓展、融合到农业领域，把原始创新能力摆在更加突出的位置，突破农业科学"卡脖子"技术，引领农业科技实现自立自强。要以教育部启动的新农科领域系列"101计划"为契机，对标前沿科技、先进业态，切实体现专业设置的先进性。二是要面向产业前沿加快传统涉农专业的改造升级，改造一定得有"质"的变化和效果，不是简单地增减课程就是新农科建设，要推动专业设置与农业产业发展需求精准对接。

（二）课程体系要有"新"内容

新农科建设对标新质生产力，一定要有更新、更高质量的课程体系。一方面，要大力推进农工、农理、农医、农文深度交叉融合，紧盯前沿科技、产业前沿彻底更新陈旧的教学内容、教学方式。传统学科体系内部具有各自的知识体系、范式和价值观，这导致了以往农学门类学科交叉的贡献度和活跃度较低，[1] 而这恰恰是新农科建设要突破的重点和难点；另一方面，要对课堂、课程、教材等进行系统化革新，强化基础课程，突出专业课程，重视实践教学，培养具备国际视野，拥有"三农"情怀，专业扎实、原始创新能力强的领军型农科人才，新农科建设要有前瞻性的突破。纵观世界一流涉农高校，如荷兰瓦赫宁根大学、美国伊利诺伊大学人才培养的定位和目标始终是将"促进创新，取得突破性的研究成果"放在首要地位，并且能够做到"在相关领域具备世界领先地位"。

（三）人才培养要有"新"模式

新农科建设要勇于突破传统办学定位，在高等农林人才培养模式改革上有"新"的动作，从培养理念、培养标准、培养过程上对标现代农业新质生产力的发展要求，大胆革新。积极探索新型培养模式，彻底打破现有的学科专业框架，例如新农科拔尖创新人才培养特区建设，优先部署重大前沿性技术研究阵地，以对标前沿问题为导向组建知识体系，通过跨学科融合寻求解决方案；促进以产业为中心的创新高地和学校人才培养的深度融合，以问题为导向，通过项目式、订单式等形式构建教育、科技、人才一体化新型培养模式；试点开展"新农科头部企业伙伴计划""新农科前沿科技伙伴计划"，联合农业领域最新技术、产业、业态头部企业开展人才培养模式的探索，推行"科教融汇、产教融合"培养新模式。

（四）制度保障要有"新"举措

一要借助高等教育治理体系和治理能力现代化，加强新农科建设的顶层设计，打破专业布局和新型人才培养模式改革上的制度壁垒，完善农科拔尖创新人才培养评价标准和模式；二要借助数字化转型，搭建课程平台、开展前沿交叉课程研发，引领学

[1]　面向2023的农业新兴、前沿、交叉学科研究项目组.面向2035的农业新兴、前沿、交叉学科研究［M］.北京：高等教育出版社，2023.

科专业结构调整，提升专业建设质量、打造专业特色，促进优质、前沿教育资源的融合与共享；三要依托新农科智库建设，瞄准全球农业科技新趋势、产业前沿新方向、国际高等农业教育新动态，开展持续追踪和深入研究，服务于中国特色高等农林教育改革创新。

2024 年初召开的全国教育工作会议强调"把全面提高人才自主培养质量、支撑高水平科技自立自强作为主攻方向"。新农科建设要对标新质生产力，提高农科人才自主培养质量，实现农业科技自立自强，提升涉农高校服务农业强国战略的质量和能力，助力我国在新一轮农业科技革命中取得竞争优势，赢得未来发展的主动权。

II 专题研究

高等农业教育层次结构研究

杨娟

（中国农业大学）

党的二十大强调要全面推进乡村振兴，全面夯实粮食安全根基，深入实施种业振兴行动，强化农业科技和装备的支撑，确保中国人的饭碗牢牢端在自己手中，并且提出要建设农业强国。同时，党的二十大报告对教育、科技与人才工作做出统一部署、统筹安排，突出了教育、科技、人才在中国式现代化进程中的重要作用。高等农业教育作为与农业、农村、农民联系最为紧密的高等教育体系，是农业发展第一生产力、高素质农业人才第一资源与农业科技创新发展第一动力的重要结合点，[1] 在建设农业强国的新历史征程中肩负着重大使命。涉农高校应想国家之所想、急国家之所急、应国家之所需，锐意改革，勇于担当，积极开辟高等农业教育的新领域、新篇章，塑造发展的新动能、新优势。

一、高等农业教育相关概念与内涵梳理

（一）农业的内涵

农业是人类通过社会劳动对植物、动物和微生物的生长繁殖过程及其所处的环境条件进行干预，从而取得生活所必需的食物和其他物质的最基本的物质生产部门。[2] 农业包括的范围，在不同国家、不同时期不完全相同。在中国，狭义的农业指种植业，或称农作物栽培，广义的农业包括农业（种植业）、林业、畜牧业、副业和渔业。[3]

---

[1] 孙其信.筑牢农业强国建设的人才根基［N］.光明日报，2023-06-18（7）.

[2] 黄佩民.农业［EB/OL］// 中国大百科全书（第三版网络版）.（2022-01-20）［2021-04-15］. https://www.zgbk.com/ecph/words?SiteID=1&ID=204170&Type=bkzyb&SubID=138074.

[3] 同上。

种植业包括粮食作物、经济作物、饲料作物和绿肥等的生产。其具体项目，通常用"十二个字"即粮、棉、油、麻、丝（桑）、茶、糖、菜、烟、果、药、杂来代表。[1]林业是培育、保护和开发利用森林资源与森林生态系统，维护生态安全，保障经济社会可持续发展，推动生态文明建设的一项重要基础产业和公益事业。在全球和区域生态建设、林产品供给、生态文化服务、减少气候变化和实现碳中和方面，林业发挥着不可替代的作用。[2]畜牧业是利用畜禽等已经被人类驯化的动物，或者鹿、麝、狐、貂、水獭、鹌鹑等野生动物的生理机能，通过人工饲养、繁殖，使其将牧草和饲料等植物能转变为动物能，以取得肉、蛋、奶、羊毛、山羊绒、皮张、蚕丝和药材等畜产品的生产部门。[3]渔业又称水产业，其产业对象为水生动物、植物和微生物，产业方式包括养殖、捕捞、加工流通、增殖、休闲服务及装备制造等，目的是从水生生物资源中获得食物、生产原料和其他物质资料，为加强大农业在国民经济中的基础地位、确保优质蛋白有效供给、增加农民收入、保障食物安全和营养安全、促进生态文明建设做出重要贡献。[4]农村副业指不属于农、林、牧、渔四业范围的生产项目。[5]习近平总书记指出，"要树立大农业观、大食物观，农林牧渔并举，构建多元化食物供给体系"。农业生产活动充分利用了农村的剩余劳动力、剩余劳动时间和分散的资源、资金，对增加农民收入、满足社会需求、促进社会生产发展具有重要意义。

在国外，农业是一个非常全面的词，用来表示农作物和家畜通过提供食物和其他产品来维持全球人口的许多方式。英语中的 agriculture 一词来源于拉丁语中的 *ager*（田地）和 *colo*（耕种），二者结合起来表示拉丁语中的 *agricultura*（田地或土地耕作）。这个词包含了非常广泛的农业活动，如种植、驯化、园艺、树木栽培和蔬菜栽

[1] 陶建平，胡颖 . 种植业［EB/OL］// 中国大百科全书（第三版网络版）.（2023-10-26）［2024-04-15］. https://www.zgbk.com/ecph/words?SiteID=1&ID=530231&Type=bkzyb&SubID=75389.

[2] 樊宝敏 . 林业［EB/OL］// 中国大百科全书（第三版网络版）.（2023-08-17）［2024-04-15］. https:// www.zgbk.com/ecph/words?SiteID=1&ID=60325&Type=bkzyb&SubID=43144#section1-3.

[3] 袁跃云 . 畜牧业［EB/OL］// 中国大百科全书（第三版网络版）.（2022-12-10）［2024-04-15］. https:// www.zgbk.com/ecph/words?SiteID=1&ID=653288&Type=bkztb&SubID=699.

[4] 唐启升，张显良，王清印 . 渔业［EB/OL］// 中国大百科全书（第三版网络版）.（2024-04-18）［2024-05-15］. https://www.zgbk.com/ecph/words?SiteID=1&ID=584047&Type=bkzyb&SubID=72095.

[5] 原葆民 . 农村副业［EB/OL］// 中国大百科全书（第三版网络版）.（2022-01-20）［2024-04-15］. https://www.zgbk.com/ecph/words?SiteID=1&ID=77571&Type=bkzyb&SubID=75206.

培，以及牲畜管理，如作物－牲畜混合养殖、畜牧业和畜牧业。[1] 随着现代农业的发展，有的经济发达国家的农业，还包括为农业提供生产资料的农业产前部门和农产品加工、储藏、运输、销售等农业产后部门。可以说，随着社会经济和自然科学的发展，人们对农业的认识进一步拓宽、深化。

农业相关知识是人类教育史上最早期的教育内容。《尸子》说："伏羲之世，天下多兽，故教民以猎。"这反映了渔猎是氏族公社时期的重要生产门类，渔猎经验是当时教育的主要内容。[2]《周易·系辞下》记载："神农氏作，斫木为耜，揉木为耒，耒耨之利，以教天下。"这说明当时农耕种植已经成为生产事业，农业种植技术和农具的制造使用成为重要的教育内容。[3] 在古代，农业作为社会的基础产业，其知识和技术的传承对于社会的稳定和繁荣至关重要。农业教育通过口传心授、师徒制度等，将丰富的农业经验和技艺传承给后代，为农业生产提供了重要的智力支持。随着历史的演进，农业教育逐渐从简单的技艺传授发展为系统的科学知识教育。这使得农业相关劳动者能够掌握更先进的农业生产技术和管理方法，推动农业生产的效率提升和品质改善。同时，农业教育还培养了大量的农业科技人才，他们通过研究和创新，为农业的发展注入了新的活力。

（二）高等农业教育相关概念与内涵

1. 高等农业教育

高等农业教育是在高等教育的基础上产生的概念。高等教育指在完成高级中等教育基础上实施的教育，以培养具有社会责任感、创新精神和实践能力的高级专门人才。[4] 高等农业教育是指在高等教育层面上，针对农林牧渔行业及其相关领域开展的教育活动，旨在培养具有专业知识和技能的人才，以支持和推动农业现代化、乡村振兴和可持续发展等。从教育主体上看，高等农业教育主要通过涉农高校实现。从教育层次上看，高等农业教育涵盖了从专科到研究生的各个学历层次，包括专科、本科、

[1] HARRIS D R, FULLER D Q. Agriculture: definition and overview [M]. //SMITH C. Encyclopedia of global archaeology. Cham: Springer, 2020.

[2] 孙培青. 中国教育史 [M]. 上海：华东师范大学出版社，2019.

[3] 同上。

[4] 中华人民共和国教育部. 中华人民共和国高等教育法 [EB/OL]. (2015-12-28) [2024-02-26]. http://www.moe.gov.cn/jyb_xwfb/moe_1946/fj_2015/201512/t20151228_226185.html?eqid=b588c00e-0002c883000000046476dff9.

硕士研究生、博士研究生教育。这种多层次的高等农业教育体系为农业相关领域培养了大量的人才，满足了不同类型的农业人才需求。

2. 高等农业院校

高等农业院校通常也被称为高等农林院校，或简称农林院校，指以农林牧渔类学科为主，专注于农林牧渔等相关领域教育和研究的高等学校，主要包括农业大学、林业大学、海洋大学、农林科技大学、农林大学、农学院、林学院等。这些院校在培养农林牧渔专业人才、推动行业科技进步、促进乡村振兴和农业农村现代化等方面发挥着重要作用。高等农业院校是高等农业教育的主要实施主体。新中国成立以来，我国高等农业院校经历了单科性农学院、多科性农业大学和农业特色研究型大学的发展过程。[1]

改革开放以来，我国高等学校数量稳步上升，高等农业院校数量也有一定程度的增加，但高等农业院校（含本科院校、高职高专）在高等学校中的占比在总体上呈现明显的下降趋势。在已有统计数据中，1980年，我国高等农业院校（含本科院校、高职高专）总数为66所，与历年相比，在高等学校中的占比最高，为9.8%；2003年，我国高等农业院校（含本科院校、高职高专）总数为43所，与历年相比，在高等学校中的占比最低，为2.8%。2022年，我国高等农业院校（含本科院校、高职高专）总数为103所，占高等学校的3.7%。其中，本科院校48所，高职高专55所。具体如图Ⅱ-1所示。

3. 涉农专业

涉农专业是指与农业、农村和农民密切相关的专业领域，具体包括种植业、养殖业、农产品加工业、农业机械化、农林经济管理等多种专业。这些专业通常涵盖农学、园艺、植物保护、动物科学、农业工程、农业经济等多个学科领域，在推动农业现代化、实现乡村振兴战略中扮演着至关重要的角色。涉农专业主要培养具有深厚人文底蕴与自然科学基础、扎实专业知识、创新能力及国际视野的农林人才。根据2024年普通高等学校本科专业目录，我国涉农专业主要包括工学、农学和管理学三大门类下的77个专业，具体如表Ⅱ-1所示。

---

[1] 董维春，董文浩，刘晓光.中国近现代高等农业教育转型的历史考察与展望——基于教育与社会系统互作分析框架［J］.中国农史，2022，41（4）：36-50.

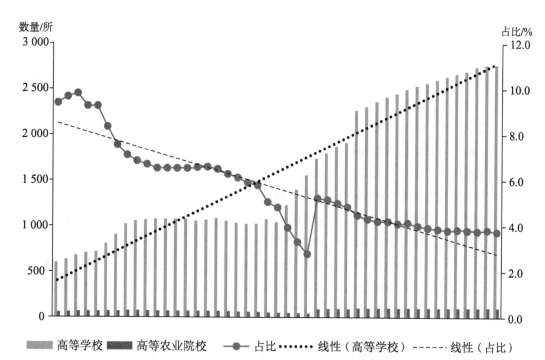

图Ⅱ-1　1978—2022年我国高等学校、高等农业院校总数及高等农业院校在高等学校中的占比的变化趋势

资料来源：根据《中国教育统计年鉴》（1978—2022年）数据整理。

表Ⅱ-1　2024年普通高等学校本科专业目录中的涉农专业

序号	门类、专业类	专业代码	专业名称	学位授予门类	修业年限	增设年度
	工学					
515	农业工程类	082301	农业工程	工学	四年	
516	农业工程类	082302	农业机械化及其自动化	工学	四年	
517	农业工程类	082303	农业电气化	工学	四年	
518	农业工程类	082304	农业建筑环境与能源工程	工学	四年	
519	农业工程类	082305	农业水利工程	工学	四年	
520	农业工程类	082306T	土地整治工程	工学	四年	2016
521	农业工程类	082307T	农业智能装备工程	工学	四年	2019
522	林业工程类	082401	森林工程	工学	四年	
523	林业工程类	082402	木材科学与工程	工学	四年	
524	林业工程类	082403	林产化工	工学	四年	
525	林业工程类	082404T	家具设计与工程	工学	四年	2018
526	林业工程类	082405T	木结构建筑与材料	工学	四年	2021
539	食品科学与工程类	082701	食品科学与工程	农学、工学	四年	

续表

序号	门类、专业类	专业代码	专业名称	学位授予门类	修业年限	增设年度
540	食品科学与工程类	082702	食品质量与安全	工学	四年	
541	食品科学与工程类	082703	粮食工程	工学	四年	
542	食品科学与工程类	082704	乳品工程	工学	四年	
543	食品科学与工程类	082705	酿酒工程	工学	四年	
544	食品科学与工程类	082706T	葡萄与葡萄酒工程	工学	四年	
545	食品科学与工程类	082707T	食品营养与检验教育	工学	四年	
546	食品科学与工程类	082708T	烹饪与营养教育	工学	四年	
547	食品科学与工程类	082709T	食品安全与检测	工学	四年	2016
548	食品科学与工程类	082710T	食品营养与健康	工学	四年	2019
549	食品科学与工程类	082711T	食用菌科学与工程	工学	四年	2019
550	食品科学与工程类	082712T	白酒酿造工程	工学	四年	2019
551	食品科学与工程类	082713T	咖啡科学与工程	工学	四年	2023
	农学					
580	植物生产类	090101	农学	农学	四年	
581	植物生产类	090102	园艺	农学	四年	
582	植物生产类	090103	植物保护	农学	四年	
583	植物生产类	090104	植物科学与技术	农学	四年	
584	植物生产类	090105	种子科学与工程	农学	四年	
585	植物生产类	090106	设施农业科学与工程	工学、农学	四年	
586	植物生产类	090107T	茶学	农学	四年	
587	植物生产类	090108T	烟草	农学	四年	
588	植物生产类	090109T	应用生物科学	理学、农学	四年	
589	植物生产类	090110T	农艺教育	农学	四年	
590	植物生产类	090111T	园艺教育	农学	四年	
591	植物生产类	090112T	智慧农业	农学	四年	2019
592	植物生产类	090113T	菌物科学与工程	农学	四年	2019
593	植物生产类	090114T	农药化肥	农学	四年	2019
594	植物生产类	090115T	生物农药科学与工程	农学	四年	2020
595	植物生产类	090116TK	生物育种科学	理学	四年	2021
596	植物生产类	090117TK	生物育种技术	农学	四年	2023
597	自然保护与环境生态类	090201	农业资源与环境	农学	四年	

续表

序号	门类、专业类	专业代码	专业名称	学位授予门类	修业年限	增设年度
598	自然保护与环境生态类	090202	野生动物与自然保护区管理	农学	四年	
599	自然保护与环境生态类	090203	水土保持与荒漠化防治	农学	四年	
600	自然保护与环境生态类	090204T	生物质科学与工程	农学	四年	2019
601	自然保护与环境生态类	090205T	土地科学与技术	农学	四年	2020
602	自然保护与环境生态类	090206T	湿地保护与恢复	农学	四年	2021
603	自然保护与环境生态类	090207TK	国家公园建设与管理	农学、管理学	四年	2022
604	自然保护与环境生态类	090208TK	生态修复学	农学	四年	2023
605	动物生产类	090301	动物科学	农学	四年	
606	动物生产类	090302T	蚕学	农学	四年	
607	动物生产类	090303T	蜂学	农学	四年	
608	动物生产类	090304T	经济动物学	农学	四年	2018
609	动物生产类	090305T	马业科学	农学	四年	2018
610	动物生产类	090306T	饲料工程	农学、工学	四年	2020
611	动物生产类	090307T	智慧牧业科学与工程	农学	四年	2020
612	动物医学类	090401	动物医学	农学	五年、四年	
613	动物医学类	090402	动物药学	农学	五年、四年	
614	动物医学类	090403T	动植物检疫	理学、农学	四年	
615	动物医学类	090404T	实验动物学	农学	四年	2017
616	动物医学类	090405T	中兽医学	农学	四年	2018
617	动物医学类	090406TK	兽医公共卫生	农学	五年	2020
618	林学类	090501	林学	农学	四年	
619	林学类	090502	园林	农学	四年	
620	林学类	090503	森林保护	农学	四年	
621	林学类	090504T	经济林	农学	四年	2018

续表

序号	门类、专业类	专业代码	专业名称	学位授予门类	修业年限	增设年度
622	林学类	090505T	智慧林业	农学	四年	2021
623	水产类	090601	水产养殖学	农学	四年	
624	水产类	090602	海洋渔业科学与技术	农学	四年	
625	水产类	090603T	水族科学与技术	农学	四年	
626	水产类	090604TK	水生动物医学	农学	四年	2012
627	草学类	090701	草业科学	农学	四年	
628	草学类	090702T	草坪科学与工程	农学	四年	2019
	管理学					
720	农业经济管理类	120301	农林经济管理	管理学	四年	
721	农业经济管理类	120302	农村区域发展	农学、管理学	四年	
722	农业经济管理类	120303TK	乡村治理	管理学	四年	2022

截至 2022 年，对各高校官网公布的数据进行整理发现，我国涉农专业布点总计 2 323 个。其中，植物生产类布点数量较多，为 510 个（见表Ⅱ-2）。

表Ⅱ-2　2022 年涉农专业布点数

专业类	涉农专业布点数	专业类	涉农专业布点数
草学类	40	农业经济管理类	115
动物生产类	113	食品科学与工程类	750
动物医学类	156	水产类	87
林学类	255	植物生产类	510
林业工程类	50	自然保护与环境生态类	96
农业工程类	151	总计	2 323

4. 涉农高校

涉农高校是指那些设置与农业、农村和农民相关专业的高等教育机构。涉农高校不仅包括高等农林院校，而且包括所有设置涉农专业的各类高校。涉农高校是高等农业教育的实施主体。目前，我国涉农高校有 500 多所，覆盖 2 000 多个专业布点。[1] 涉

---

[1] 根据各高校官网专业设置数据统计整理。

农专业布点数排名前 30 的涉农高校基本都是高等农业院校，其中也有塔里木大学、西南大学、扬州大学、西藏大学、海南大学等高等农业院校之外的涉农高校，具体如表Ⅱ-3 所示。

表Ⅱ-3　涉农专业布点数排名前 30 的涉农高校

学校	涉农专业布点数 / 个	学校	涉农专业布点数 / 个
河南农业大学	32	安徽农业大学	24
内蒙古农业大学	32	湖南农业大学	24
山西农业大学	32	新疆农业大学	24
河北农业大学	31	华南农业大学	23
吉林农业大学	31	塔里木大学	23
云南农业大学	31	西南大学	23
甘肃农业大学	30	华中农业大学	22
山东农业大学	30	南京农业大学	22
青岛农业大学	29	扬州大学	22
沈阳农业大学	29	西藏大学	21
西北农林科技大学	29	西藏农牧学院	21
四川农业大学	28	海南大学	20
中国农业大学	28	黑龙江八一农垦大学	20
福建农林大学	26	江西农业大学	20
东北农业大学	25	西南林业大学	20

资料来源：根据各高校官网专业设置数据统计整理。

二、高等农业教育与农业强国建设之间的有机联系

党的二十大报告提出："加快建设农业强国，扎实推动乡村产业、人才、文化、生态、组织振兴。"在 2022 年底召开的中央农村工作会议上，习近平总书记强调"全面推进乡村振兴、加快建设农业强国，是党中央着眼全面建成社会主义现代化强国作出的战略部署。强国必先强农，农强方能国强。"加快推进农业强国建设需要贯彻新发展理念，以科技创新为驱动，实现农业科技、产业与人才成长的深度融合。[1]

农业是国民经济的重要组成部分，对于国家的经济稳定与发展都起着至关重要的

---

[1]　林万龙，金帷.农业强国背景下新农科建设内涵与路径的再认识［J］.国家教育行政学院学报，2024（1）：37-43.

作用。农业强国是指在一定时期内，农业发展水平与世界范围内其他国家相比较高的国家。[1] 高等农业教育在培养农业人才、推动科技创新、促进乡村振兴、实现绿色发展和加强国际合作等方面发挥着重要作用，是推动农业强国建设的重要力量。

（一）培养农业领域人才

世界农业强国的共同特征是农业从业人员素质高、农业科技水平高和农业生产效率高。[2] 农业强国建设需要一批具有农业情怀并致力于投身农业领域的高素质人才。高等农业教育的主要职能就是培养具有现代农业知识技能的创新型、应用型和复合型人才，为农业发展注入新鲜血液，推动农业科技进步和农业现代化发展。美国诺贝尔经济学奖获得者西奥多·W.舒尔茨在《改造传统农业》一书中强调，改造传统农业的关键是引进现代农业的生产要素，加大农业领域人力资本投资力度，以高质量农业劳动力推动先进科学技术、专业化生产流程和社会化生产形式在农业领域广泛应用，从而实现农业的可持续发展。[3] 高等农业教育通过赋予学生先进的农业知识、前沿技术、管理技能和创新能力，使之在农业科研、技术推广、经营管理等领域发挥人力资本的生产效应，提升农业生产效率，提高农产品质量，从而带动经济增长、推动农业强国建设。同时，高等农业教育培养的各层次农业人才在劳动过程中也发挥着人力资本的外溢效应，将农业新技术、新品种和新装备推广辐射到更广泛的地理空间和劳动力群体中，加快知识外溢和技术扩散，进而提升农业劳动力整体的技术水平与专业化程度，为农业强国建设提供持续的智力支持和人才保障。

目前，我国农业劳动生产率和受教育年限与发达国家之间还存在差距。我国农业劳动生产率为 2 939 美元 / 人，仅为美国、加拿大、日本等世界农业强国平均水平（8 742 美元 / 人）的 33.6%；[4] 我国农业科技进步贡献率在 62.5%，世界农业强国的农业科技进步贡献率普遍在 80% 左右；从农业科技人才方面来看，每万名农业从业人员

[1] 高旺盛，孙其信，陈源泉，等.中国特色农业强国的基本特征及战略目标与路径［J］.中国农业大学学报，2023，28（8）：1–10.

[2] 高旺盛，孙其信，陈源泉，等.世界农业强国评价指标构建与中国对标分析［J］.中国农业大学学报，2023，28（11）：1–13.

[3] 舒尔茨.改造传统农业［M］.梁小民，译.北京：商务印书馆，1987.

[4] 高旺盛，孙其信，陈源泉，等.中国特色农业强国的基本特征及战略目标与路径［J］.中国农业大学学报，2023，28（8）：1–10.

中农业科技人才数，中国仅为 32.4 人，美国为 78.2 人。[1] 农业农村领域接受过高等教育的劳动力匮乏，尤为缺乏高层次拔尖创新人才，因此内源性发展动力不足，严重制约农业现代化步伐。面对新一轮科技变革带来的农业领域革新，我国急需培养大批高层次创新型农林紧缺人才，积极投身农业现代化建设，突破农业高水平科技瓶颈，攻克农业可持续发展难题，推动农业强国建设。

（二）推动农业科技创新

农业强国建设的创新点在于发展农业新质生产力，即农业领域创新型高质量生产力，其关键在于农业科技创新。在第四次科技革命推动下，生物基因技术、量子信息技术、人工智能制造等领域的研究与应用重塑了经济结构、社会形态和人类发展，同时带来了农业领域生物制造、基因编辑、合成生物学、人工智能装备等颠覆性技术，大大提高了农业生产的自动化、智能化、数字化、工程化、绿色化水平，从而提高农业生产效率，减少资源浪费，推动农业可持续发展。

高等农业教育是农业领域科研创新和技术突破的重要力量。一方面，涉农高校通过培养高素质创新型人才实现农业科技创新，推动通用技术与专业技术更新换代，以更高效率的生产技术、生产设备与生产模式驱动农业高质量发展；另一方面，涉农高校通过与科研机构、农业龙头企业的协同合作，在"科教融汇、产教融合"中集聚创新要素，催生科技创新，推动成果转化，共享知识成果，进而推动农业产业领域的科技创新。农业科技创新发展离不开高等农业教育的人才支撑。高等农业教育既是在农业科技创新更迭下的必然产物，也是推动人类农业发展史再一次创新的不可或缺的力量。[2]

（三）服务乡村振兴

我国之所以被称为农业大国，不仅是因为我国具有悠久的农耕文明和广袤的耕地面积，还因为我国农村人口众多。根据世界银行数据，2023 年，我国农村人口占总人口的百分比为 35.43%，远高于美国（16.70%）、荷兰（6.82%）、日本（7.96%）。[3]

---

[1] 高旺盛，孙其信，陈源泉，等.世界农业强国评价指标构建与中国对标分析［J］.中国农业大学学报，2023，28（11）：1–13.

[2] 宋丹宁，张海洋.我国农业科技创新与高等农业教育改革的关系分析——评《中外高等农业教育的实践经验与改革趋向》［J］.热带作物学报，2020，41（8）：1759–1760.

[3] 世界银行集团.农村人口（占总人口的百分比）.（2023）［2024–07–15］. https://data.worldbank.org.cn/indicator/SP.RUR.TOTL.ZS?end=2023&start=2023&view=map.

我国农业强国建设的内在要求不仅包括推动农业全面升级，还包括带动农村全面发展，推进农民农村共同富裕。全面推进乡村振兴成为加快建设农业强国的战略路径之一。

乡村全面振兴的关键在人才。农业人才结构性改革是新农村建设的关键。[1] 高等农业教育在乡村振兴战略中扮演着重要角色，不仅通过学校教育培养知农爱农新型人才，引导人才投身农业农村发展，推动农业科技创新，转化推广农业技术，还在社会服务中加强农民教育培训，提升他们的农业生产技能和管理能力，为他们提供更多的政策支持和创业指导，培养懂技术、善管理、有爱心的乡村产业人才，为乡村振兴提供有力的基层人才保障。

（四）实现绿色发展

党的二十大报告强调要以生态文明建设为统领，推动经济社会全面绿色转型，加强生态环境保护和治理，促进人与自然和谐共生，努力实现可持续发展。与之相应，注重农业可持续发展能力，发展生态循环农业，重视保护生态环境与生物多样性，也是世界农业强国的共同特征之一。

高等农业教育不仅着力培养具备农业知识素养的涉农人才，提升学生整合、分析和交流农业知识信息的能力，深化学生对农业在经济、社会、环境领域中的重要作用的理解，还培养学生的农业情怀、生态意识、自然敬畏等情感联结，构建融合知识、情感、精神、行动的整体教育思维和文化价值，强调人与自然可持续和谐共生 [2,3]。这种在教育中强调绿色发展理念、培养学生生态保护意识和可持续发展能力的思维导向与实践策略，将农业所蕴含的"生生不息"的价值观念回嵌到社会经济发展的客观规律和伦理限度内，消释工业化进程中技术迭代不断加速引发的极端浪费主义、过度消费主义和功利利己主义弊端，使可持续发展理念和绿色生态意识真正融入人才培养、科研创新和社会服务中。

已有研究证明，高等教育能够提升全要素生产率，驱动绿色经济增长，且这种作

[1] 郭丽君，陈春平. 乡村振兴战略下高校农业人才培养改革探析 [J]. 湖南农业大学学报（社会科学版），2020，21（2）：80-85.

[2] VALLERA F L, BODZIN A M. Knowledge, skills, or attitudes/beliefs: the contexts of agricultural literacy in upper-elementary science curricula [J]. Journal of Agricultural Education, 2016, 57（4）: 101-117.

[3] 朱菲菲，吴嘉琦. 国际农业素养教育的发展演变、实施举措及本土启示 [M]. // 全国新农科建设中心. 全国新农科建设进展报告（2022—2023）. 北京：高等教育出版社，2023：121-141.

用要显著大于对传统经济增长的作用。[1] 高等农业教育在学术型、专业型、应用型人才培养中，通过推广有机农业、节水灌溉、生态养殖、智慧施肥等绿色生产方式，助力构建资源节约型、环境友好型的农业产业体系，实现农业生产与生态环境保护的和谐共生，筑牢农业绿色发展之基，走好农业强国建设之路。

（五）加强国际合作交流

随着全球化的深入发展，世界各国的高等教育国际化程度不断加深，推动大学的办学理念、构成要素及行为策略跨越地理边界，形成广泛交流的互动网络。这种跨界互动不仅在教学活动、科学研究和国际援助等核心教育活动中有所体现，还在国际交流、跨界合作等多个层面得到展现。美国、荷兰等农业强国在高等教育国际化进程中走在前列，积极推行人才培养国际化合作策略，鼓励学生交换、学术交流、科研合作、课程共享等，涌现了康奈尔大学农业与生命科学学院全球中心（Global Hubs）世界一流大学交换项目、瓦赫宁根大学与伊利欧洲创新中心多元合作项目等国际合作交流项目，极大地推动了高等农业教育的国际化发展。

我国高等农业教育作为高等教育体系中不可或缺的重要组成部分，承载着培养未来农业人才、推动农业科技进步的重要使命。在全球化日益深入的今天，培养具有国际视野、擅于跨文化交流与参与国际农业事务的人才愈发迫切，突显了提升高等农业教育国际化水平的重要性。因此，高等农业教育应着眼于我国与全球发展的大势，加快构建高等农业教育对外开放的新格局，坚持高水平对外开放理念与实践，加强全球协作交流，探索灵活多元的合作方式，引进先进的农业教育理念和技术，深度融入全球教育体系，培养一批具备全球战略眼光和科研创新能力、掌握农业领域顶尖技术的世界一流人才，为实现农业大国向农业强国的转变提供智力支撑。

与此同时，高等农业教育还应建立中国农业创新发展话语体系与经验推广机制，输出我国先进特色农业技术和管理经验，增强我国在全球农业领域的话语权和影响力，为农业强国建设开辟新的增长点；打造引领性国际农业科技合作模式，加速构筑全球顶尖人才高地，更好链接全球智慧、聚合农业科技力量，提升我国农业的国际竞争力，为解决全球农业问题提供中国智慧和中国方案；勇做世界农业科技文明交流合作的倡导者和推动者，以共享、共治、共同发展理念，构建人类命运共同体，推动农业可持续发展。

---

[1] 陈然，丁小浩，闵维方 . 教育对绿色 GDP 的贡献研究［J］. 教育研究，2019，40（5）：133-141.

三、农业强国视角下的高等农业教育层次结构

（一）代表性农业强国高等农业教育层次结构

对不同类型农业强国高等农业教育层次结构进行比较研究，不仅有助于我们深入理解不同国家高等农业教育体系的运作机制和特点，还能为我国高等农业教育的改革和发展提供宝贵的借鉴和启示。通过比较不同农业强国高等农业教育层次结构，可以发现各自的优势和不足。每个国家根据其国情和发展需求，形成了各具特色的高等农业教育体系。通过对比分析，可以更加清晰地认识到不同教育层次结构对农业发展的影响，以及它们在不同历史阶段和社会背景下的适应性。借鉴他国的成功经验，改进和优化我国的高等农业教育层次结构，结合我国的实际情况进行创新和调整，为我国农业强国建设提供有力保障。目前国际上公认的农业强国，大体可以分为 3 种模式：（1）资源大国综合发达型农业强国模式，主要有美国、加拿大、澳大利亚等；（2）资源中等产业协调型农业强国模式，主要有法国、德国、意大利等；（3）资源小国科技引领型农业强国模式，主要有以色列、荷兰、日本等。[1] 研究农业强国的高等农业教育层次结构，有助于发现当前教育体系中存在的问题和不足，进而提出针对性的改进措施，为农业强国建设提供有力的人才保障和智力支持。

1. 不同类型农业强国高等教育层次结构

不同类型农业强国的高等教育层次结构因各自国家的经济、社会、文化和历史背景而呈现出不同的特点。使用经济合作与发展组织（Organization for Economic Co-operation and Development，OECD）数据库中各国高等教育层次结构相关在校生数据，在 3 种不同类型的农业强国中各选取 3 个国家，对其高等教育层次结构相关在校生数据进行计算，如表Ⅱ-4 所示。其中，专科对应 OECD 数据库中的 short-cycle tertiary education，本科对应 Bachelor's or equivalent level，硕士对应 Master's or equivalent level，博士对应 Doctoral or equivalent level，高等教育规模对应 Tertiary education。为了便于展开有效的横向和纵向比较，选取高等教育各层次在校生规模占高等教育在校生总规模的比例作为主要数据指标，具体某年的某一层次在校生占比为某年某层次在校生人数 /

---

[1]　高旺盛，孙其信，陈源泉，等．中国特色农业强国的基本特征及战略目标与路径［J］．中国农业大学学报，2023，28（8）：1–10.

某年高等教育规模。表中 OECD 数据库中显示为 0 或缺失的值用"—"表示，计算比例的均值时不计入在内。

从表Ⅱ-4 可以看出，2013—2021 年，资源大国综合发达型农业强国中，美国专科生比例呈下降趋势，本科生、硕士生比例不断上升，博士生比例相对稳定；加拿大专科生比例不断上升，本科生、硕士生、博士生比例相对稳定；澳大利亚专科生和本科生的比例波动相对较大，硕士生和博士生的比例相对稳定。资源中等产业协调型农业强国中，法国专科生、硕士生和博士生的比例相对稳定，本科生比例上升趋势明显；德国专科生比例较低，历年占比都在 0.40% 以下，在 2018—2021 年呈上升趋势，本科生、硕士生比例相对稳定，博士生比例呈下降趋势；意大利专科生比例呈上升趋势，本科生、博士生比例相对稳定，硕士生比例呈下降趋势。资源小国科技引领型农业强国中，以色列专科生、硕士生比例呈下降趋势，本科生、博士生比例相对稳定；荷兰专科生、硕士生比例呈上升趋势，本科生、博士生比例呈下降趋势；日本专科生、本科生、硕士生的比例比较稳定，博士生比例呈上升趋势。

表Ⅱ-4　2013—2021 年不同类型农业强国高等教育层次结构　　（单位：%）

类型	国家	层次	2013	2014	2015	2016	2017	2018	2019	2020	2021	均值
资源大国综合发达型	美国	专科生	37.20	37.23	37.26	37.30	36.37	36.32	36.37	31.52	30.92	35.61
		本科生	48.23	48.04	47.82	47.45	48.00	47.82	47.50	52.09	51.79	48.75
		硕士生	12.61	12.74	12.90	13.18	13.78	14.00	14.23	14.58	15.40	13.71
		博士生	1.96	1.99	2.02	2.07	1.85	1.87	1.90	1.80	1.89	1.93
	加拿大	专科生	20.93	20.84	21.75	21.11	21.45	22.28	23.29	23.40	23.08	22.01
		本科生	63.28	60.88	62.79	64.22	63.07	61.94	61.38	62.28	61.42	62.36
		硕士生	12.52	15.11	12.10	11.38	12.22	12.49	12.13	12.40	12.23	12.51
		博士生	3.26	3.18	3.36	3.29	3.26	3.29	3.20	3.32	3.28	3.27
	澳大利亚	专科生	16.16	16.05	33.86	32.19	26.39	18.93	21.91	21.49	22.30	23.25
		本科生	65.15	64.03	50.04	50.97	55.32	59.56	56.57	57.87	59.03	57.62
		硕士生	14.72	16.05	13.07	13.81	15.16	18.16	18.39	17.56	15.62	15.84
		博士生	3.96	3.88	3.02	3.02	3.14	3.35	3.13	3.09	3.05	3.29
资源中等产业协调型	法国	专科生	21.59	21.09	20.44	20.03	19.79	19.29	20.09	19.90	20.14	20.26
		本科生	39.85	40.25	40.89	41.35	41.13	40.42	40.33	40.63	42.21	40.78
		硕士生	35.58	35.78	35.84	35.90	36.44	37.77	37.09	37.07	35.33	36.31
		博士生	2.97	2.89	2.83	2.73	2.64	2.52	2.49	2.41	2.32	2.64

类型	国家	层次	2013	2014	2015	2016	2017	2018	2019	2020	2021	均值
资源中等产业协调型	德国	专科生	0.02	0.02	0.01	0.01	0.01	0.01	0.33	0.31	0.33	0.12
		本科生	58.85	59.57	60.19	60.22	60.15	59.87	61.06	61.05	60.64	60.18
		硕士生	33.47	33.04	33.20	33.30	33.42	33.71	32.49	33.07	33.30	33.22
		博士生	7.67	7.37	6.59	6.47	6.41	6.41	6.12	5.57	5.74	6.48
	意大利	专科生	0.13	—	0.36	0.46	0.60	0.71	0.87	0.98	1.10	0.65
		本科生	59.18	—	58.95	59.22	59.99	60.16	60.07	60.43	59.36	59.70
		硕士生	38.82	—	38.90	38.50	37.90	37.64	37.54	37.03	37.95	38.00
		博士生	1.87	—	1.79	1.81	1.51	1.49	1.52	1.55	1.59	1.60
资源小国科技引领型	以色列	专科生	16.92	16.86	16.41	16.58	16.91	15.79	15.29	14.89	14.68	16.04
		本科生	64.70	64.84	64.75	64.27	63.41	64.29	64.54	65.53	65.56	64.65
		硕士生	15.53	15.45	15.91	16.23	16.73	16.83	16.96	16.48	16.78	16.32
		博士生	2.85	2.84	2.93	2.92	2.96	3.09	3.20	3.10	2.97	2.98
	荷兰	专科生	0.79	0.90	2.22	2.43	2.71	2.81	2.78	3.22	3.42	2.37
		本科生	82.76	82.47	76.77	75.98	75.35	75.19	75.23	74.18	74.00	76.88
		硕士生	14.42	14.66	19.30	19.78	20.21	20.24	20.23	20.84	20.88	18.95
		博士生	2.02	1.97	1.72	1.80	1.73	1.76	1.76	1.75	1.71	1.80
	日本	专科生	19.82	20.03	20.08	19.99	19.85	19.65	19.43	19.45	19.48	19.75
		本科生	69.48	69.42	69.39	69.49	69.07	69.25	69.46	69.51	69.56	69.40
		硕士生	8.77	8.63	8.61	8.60	8.99	9.01	9.05	9.00	8.90	8.84
		博士生	1.93	1.92	1.92	1.93	2.10	2.09	2.05	2.05	2.06	2.00

2. 不同类型农业强国高等农业教育层次结构

使用 OECD 数据库中各国涉农（agriculture, forestry, fisheries and veterinary）领域各层次在校生数据进行计算，分析不同类型农业强国高等农业教育层次结构。为了便于展开有效的横向和纵向比较，选取高等农业教育各层次在校生规模占该层次高等教育在校生规模的比例作为主要数据指标，具体某年某层次涉农专业在校生占比为某年某层次涉农专业在校生人数/某年某层次在校生人数。表中 OECD 数据库中显示为 0 或缺失的值用 "一" 表示，计算比例的均值时不计入在内。美国涉农专业在校生人数缺失，因此不列入表Ⅱ-5 中。

各国高等农业教育层次结构是不同的，所以不能单纯对各层次涉农专业在校生占比进行比较，需要进行进一步计算，使不同类型农业强国之间涉农专业在校生占比能

表Ⅱ-5　2013—2021年不同类型农业强国高等农业教育层次结构　（单位：%）

类型	国家	层次	2013	2014	2015	2016	2017	2018	2019	2020	2021	均值	调整
资源大国综合发达型	加拿大	专科生	2.06	2.12	2.03	1.95	1.98	1.98	1.67	1.66	1.66	1.90	0.42
		本科生	0.63	1.48	1.43	1.47	1.63	1.63	0.64	0.59	0.59	1.12	0.70
		硕士生	0.92	2.28	2.20	2.20	2.14	2.14	1.43	1.47	1.47	1.81	0.23
		博士生	1.94	3.19	3.02	3.02	3.22	3.22	1.72	1.87	1.87	2.56	0.08
	澳大利亚	专科生	1.37	1.41	0.89	1.04	0.89	0.61	1.05	1.55	1.24	1.12	0.26
		本科生	0.86	0.85	0.82	0.85	0.88	0.84	0.81	0.82	0.84	0.84	0.48
		硕士生	0.78	0.75	0.74	0.71	0.70	0.66	0.65	0.65	0.67	0.70	0.11
		博士生	3.73	3.69	3.64	3.52	3.43	3.41	3.27	3.39	3.09	3.46	0.11
资源中等产业协调型	法国	专科生	3.50	3.07	3.04	3.25	3.69	3.60	4.78	4.82	4.81	3.84	0.78
		本科生	0.16	0.13	0.13	0.20	0.10	0.21	0.14	0.13	0.11	0.15	0.06
		硕士生	1.27	1.22	1.22	1.29	1.14	1.13	1.21	1.21	1.28	1.22	0.44
		博士生	—	—	—	—	—	0.97	—	0.14	0.17	0.43	0.01
	德国	专科生	4.63	8.20	8.63	10.36	13.07	12.03	18.51	14.11	15.38	11.66	0.01
		本科生	1.47	1.45	1.37	1.34	1.32	1.33	1.30	1.28	1.26	1.35	0.81
		硕士生	1.43	1.48	1.50	1.52	1.50	1.47	1.45	1.43	1.38	1.46	0.49
		博士生	3.14	3.07	2.96	2.99	2.98	2.99	2.97	2.54	2.38	2.89	0.19
	意大利	专科生	7.32	—	—	11.04	6.83	9.43	8.70	7.65	5.23	8.03	0.05
		本科生	2.70	2.95	3.05	3.20	3.14	3.04	2.88	2.63	2.50	2.90	1.73
		硕士生	2.10	2.04	1.98	2.03	2.04	1.96	2.02	2.00	1.95	2.01	0.77
		博士生	5.53	5.28	4.86	4.92	4.53	4.48	4.64	4.42	4.51	4.80	0.08
资源小国科技引领型	以色列	专科生	—	—	—	—	—	—	—	—	—	—	—
		本科生	0.45	0.46	0.41	0.39	0.36	0.33	0.31	0.31	0.34	0.37	0.24
		硕士生	1.05	1.04	0.88	0.87	0.82	0.80	0.80	0.81	0.60	0.85	0.14
		博士生	2.68	2.57	1.78	1.72	1.69	1.69	1.76	1.78	1.75	1.94	0.06
	荷兰	专科生	1.57	1.19	0.47	0.55	0.63	0.77	0.88	0.87	0.97	0.88	0.02
		本科生	0.91	0.91	0.84	0.86	0.86	0.89	0.88	0.90	0.88	0.88	0.68
		硕士生	1.71	1.68	1.10	1.18	1.16	1.21	1.22	1.18	1.23	1.30	0.25
		博士生	—	—	—	—	4.75	5.30	5.02	5.16	5.16	5.08	0.09
	日本	专科生	0.82	0.81	0.82	0.81	0.81	0.77	0.74	0.72	0.73	0.78	0.15
		本科生	2.60	2.60	2.62	2.59	2.64	2.63	2.62	2.62	2.63	2.62	1.82
		硕士生	4.53	4.46	4.37	4.50	4.33	4.32	4.34	4.35	4.33	4.39	0.39
		博士生	5.10	5.02	4.92	4.88	4.42	4.39	4.45	4.33	4.18	4.63	0.09

够进行比较。这里采用较为简便的算法，将高等教育占比与高等农业教育占比相乘，得到调整后的比例值，然后进行比较。

（二）我国高等农业教育层次结构

1. 我国高等教育层次结构比较研究

2013—2021 年，我国专科生比例、硕士生、博士生比例呈上升趋势，本科生比例呈下降趋势；专科生比例均值为 38.02%，本科生比例均值为 54.11%，硕士生比例均值为 6.65%，博士生比例均值为 1.22%。具体如表Ⅱ-6 所示。

表Ⅱ-6 2013—2021 年我国高等教育层次结构   （单位：%）

层次	2013	2014	2015	2016	2017	2018	2019	2020	2021	均值
专科生	36.78	36.84	37.23	37.42	36.62	36.52	38.60	40.55	41.66	38.02
本科生	56.45	56.40	55.98	55.74	54.63	54.68	52.77	50.73	49.60	54.11
硕士生	5.65	5.62	5.63	5.66	7.55	7.54	7.35	7.43	7.40	6.65
博士生	1.13	1.14	1.16	1.18	1.20	1.25	1.28	1.30	1.33	1.22

表Ⅱ-7 显示，与 9 个农业强国相比，我国专科生比例较高，本科生比例适中，硕士生和博士生比例偏低。对各国高等教育层次结构进行探索，有助于我们更全面地了解各层次中涉农专业人才占比。

表Ⅱ-7 2013—2021 年中国与农业强国高等教育层次结构比较   （单位：%）

国家	专科生占比	本科生占比	硕士生占比	博士生占比
美国	35.61	48.75	13.71	1.93
加拿大	22.01	62.36	12.51	3.27
澳大利亚	23.25	57.62	15.84	3.29
法国	20.26	40.78	36.31	2.64
德国	0.12	60.18	33.22	6.48
意大利	0.65	59.70	38.00	1.60
以色列	16.04	64.65	16.32	2.98
荷兰	2.37	76.88	18.95	1.80
日本	19.75	69.40	8.84	2.00
中国	38.02	54.11	6.65	1.22

2. 我国高等农业教育层次结构比较研究

根据教育部公开的统计数据，对农学门类在校生人数相关数据进行整理，农学门类以外的其他涉农专业在校生人数忽略不计，得到我国高等农业教育层次结构相关数据。其中，专科在校生人数使用教育部官网的教育统计数据中高职（专科）分专业大类学生数（Number of Regular Students for Short-cycle Courses in HEIs by Discipline），本科在校生人数使用普通本科分学科门类学生数（Number of Regular Students for Normal Courses in HEIs by Discipline），研究生在校生人数使用高等教育分学科门类研究生数（总计）[Number of Postgraduate Students by Academic Field（Total）]，处理后的数据具体如表Ⅱ-8所示。采取同样方法，对我国高等农业教育层次结构数据的均值进行处理，得到调整后的值。

表Ⅱ-8　2013—2021年我国高等农业教育层次结构　　（单位：%）

层次	2013	2014	2015	2016	2017	2018	2019	2020	2021	均值	调整
专科生	1.75	1.69	1.67	1.65	1.68	1.70	1.86	1.92	2.05	1.77	0.67
本科生	1.74	1.75	1.75	1.73	1.72	1.70	1.68	1.66	1.67	1.71	0.93
硕士生	3.42	3.46	3.45	3.49	4.61	4.67	4.67	4.86	4.91	4.17	0.28
博士生	4.21	4.16	4.14	4.18	4.20	4.25	4.26	4.21	4.20	4.20	0.05

表Ⅱ-9显示，与8个农业强国高等农业教育层次结构相关数据进行比较，我国高等农业教育专科生比例较高，本科生比例适中，硕士生和博士生比例偏低。

表Ⅱ-9　2013—2021年中国与不同类型农业强国高等农业教育层次结构比较（单位：%）

国家	专科生占比	本科生占比	硕士生占比	博士生占比
加拿大	0.42	0.70	0.23	0.08
澳大利亚	0.26	0.48	0.11	0.11
法国	0.78	0.06	0.44	0.01
德国	0.01	0.81	0.49	0.19
意大利	0.05	1.73	0.77	0.08
以色列	0	0.24	0.14	0.06
荷兰	0.02	0.68	0.25	0.09
日本	0.15	1.82	0.39	0.09
中国	0.67	0.93	0.28	0.05

（三）结论与建议

1. 结合未来农业发展需求，优化高等农业教育层次结构

高等教育的层次结构涵盖了专科、本科、硕士、博士多个层次，高等农业教育作为高等教育的重要分支，同样遵循这一层次划分。经过数据分析发现，我国高等农业教育在层次结构上与高等教育具有高度的相似性。与世界代表性农业强国相比，我国的专科教育比例相对较高，本科教育比例适中，而硕士和博士研究生的培养比例则相对较低。然而，高等教育层次结构的调整并非简单的整体平移，更不应盲目地复制某一发达国家的模式。调整的过程需要充分考虑学校的办学定位、行业特色以及目标使命，进行有针对性地优化布局和动态调整。[1]优化高等农业教育的层次结构需要深入研究现代农业的发展趋势和市场需求，明确农业产业链各个环节对人才的需求，特别是农业科技创新对高层次人才的需求，才能构建一个与现代农业发展紧密契合、科学合理的多层次高等农业教育体系。在高等教育普及化的背景下，高等农业教育资源优化布局的重点应聚焦于如何促进结构优化和质量提升，[2]深入思考农业未来发展的特色需求和战略导向，主动加强结构调整对农业进步乃至社会经济发展的前瞻性、适应性和针对性，才能避免简单地跟随高等教育结构的变化而被动调整，确保高等农业教育能够持续、健康地发展。

2. 扩大农业领域研究生培养规模，筑牢农业强国人才根基

农业强国建设是一项多维度的系统工程，需要高素质、高水平、具有国际视野的创新型农业人才作为有力支撑。高等农业教育作为与农业、农村、农民联系最为紧密的高等教育体系，肩负着培养农业领域顶尖人才的重大责任与时代使命，是农业发展第一生产力、高素质农业人才第一资源与农业科技创新发展第一动力的重要结合点。以高等农业教育高质量发展筑牢农业强国建设的人才根基，是涉农高校在新时代新征程上必须担起的时代重任。[3]农业领域研究生作为高层次人才的后备军，能够为我国农业实现高水平科技自立自强和产业持续升级提供强大的智力支持。然而，目前我国高等农业教育硕、博士研究生比例明显偏低，相对失衡的层次结构在一定程度上限制

[1]　李立国，赵阔，杜帆.经济增长视角下的高等教育层次结构变化［J］.教育研究，2022，43（2）：138-149.

[2]　李立国，李建龙.优化资源布局与高等教育强国建设［J］.大学教育科学，2024（1）：14-20.

[3]　孙其信.筑牢农业强国建设的人才根基［N］.光明日报，2023-06-18（7）.

了农业领域高层次人才培养，难以满足农业强国建设对高层次农业人才的迫切需求。因此，国家应加大对农业领域高层次人才培养方面的投入，在政策上给予倾斜，支持硕士、博士研究生教育的扩容，特别是在作物遗传育种、农业信息技术、生态农业与可持续发展等关键领域，鼓励跨学科、跨领域的联合培养项目，促进知识与技术的深度融合。

3. 稳步调整涉农专业专科生规模，加强涉农专科教育内涵建设

我国专科层次的高等农业教育虽然在一定程度上满足了农业领域对技能应用型人才的需求，但社会评价不高、生源质量较差、办学定位不准确、学生综合素质偏低、就业观念存在误区等问题仍有待进一步解决，[1,2]爱农业、懂技术、善经营且下得去、用得上、干得好的应用型农业人才匮乏的现象仍然没有得到缓解。这就需要涉农专科教育在稳步调整培养规模的基础上，革新办学思想定位，提升涉农专业人才培养质量。专科层次的高等农业教育要强调教育内容的实用性和针对性，使学生能够学习与农业相关的课程，为学生提供实际应用技能和知识，使他们在未来能够直接参与农业生产、农村经济管理和农业技术推广等工作，为农业强国建设提供坚实的人才保障。

4. 人才培养提质与增量双管齐下，以新农科建设推动高等农业教育高质量发展

长期以来，高等教育规模扩增与人才培养质量下滑之间关系的相关讨论不断。[3,4]伴随我国高等教育向普及化持续发展，如何保障人才培养质量、实现增量与提质双管齐下成为不容忽视的关键议题。当前，我国高等农业教育已迈入质量内涵与特色发展并重之路，人才培养体系处在探索转型期，学生基础知识的深度与广度有待提高，学科交叉融合程度有待加深，服务未来农业发展能力有待提升。因此，在人才培养的增量方面，一是要根据农业发展趋势和人才需求预测，科学合理调整招生规模，避免低层次人才过剩、高层次人才培养不足问题，确保涉农学科专业的招生规模与行业需求相匹配。二是要紧密围绕国家农业发展战略需求，优化布局涉农学科专业，加强农业与生物技术、信息技术、环境科学等相关学科的交叉融合，加快建设一批同国家粮食

[1] 干旭. 专科毕业生就业难问题浅析［J］. 中国高教研究，2002（2）：59-60.

[2] 喻明达. 高等农林专科学校发展高等职业教育存在的主要问题与对策［J］. 沈阳农业大学学报（社会科学版），2001（2）：86-90，161.

[3] 刘晶晶，和震. 百万扩招背景下高职人才培养模式的转型挑战与优化路径［J］. 教育发展研究，2022，42（1）：28-35.

[4] 陆晓静，罗鹏程. "双一流"建设高校本科人才培养与质量保障双向互动的实证研究［J］. 湖南师范大学教育科学学报，2020，19（3）：45-54，101.

安全、生态文明、智慧农业、营养与健康、乡村发展等密切相关的急需紧缺专业，以新农科建设为契机推动高等农业教育高质量发展。

在人才培养的提质方面，高等农业教育要培养基础学科拔尖创新人才，构筑基础学科拔尖人才培养的专门通道，深化实施"基础学科拔尖学生培养计划 2.0""强基计划""101 计划"等系列改革，建立自然科学、生命科学与人文通识相融合的知识结构体系，完善普适性与个性化相结合的大类培养模式，推进课程体系交叉融合迭代升级，充分提供科研训练、学术交流与实习实践机会，大胆开展研究型教学实践，夯实新型农业人才的科学素养、通识素养和跨学科素养。要锚定国家急需紧缺的高层次人才，以实现颠覆性创新与解决重大科学问题为导向，探索实现"从 0 到 1"范式突破的人才自主培养体系，充分发挥贯通式培养机制新势能，驱动农业新质生产力发展，以高水平顶尖农业人才稳大局、应变局、开新局。要着力培养应用型高技能农业人才，大力推进高等农业职业教育内涵式发展，面向乡村全面振兴主动优化高等职业院校办学目标、规模结构、培养模式和教学形式等，深化校企合作育人机制，充分发挥产教融合优势，助力高素质农民培育计划、乡村产业振兴带头人培育"头雁"项目、乡村振兴青春建功行动等，鼓励并支持高技能农业人才深入田间地头、服务乡村振兴。

高等农林院校学科专业布局研究

吴嘉琦

（中国农业大学）

学科专业是学术体系的分类单元，是人才培养的重要载体。学科专业布局结构的优化调整对提升人才培养成效、服务国家发展战略具有重要影响。2023 年，习近平总书记强调重视学科专业调整，提出"要优化同新发展格局相适应的教育结构、学科专业结构、人才培养结构"。随后，教育部等五部委发布《普通高等教育学科专业设置调整优化改革方案》，提出"进一步调整优化学科专业结构，推进高等教育高质量发展，服务支撑中国式现代化建设"。这充分说明面向新一轮产业革命和科技变革，优化高等教育学科专业布局，提升高等教育服务国家发展战略水平的重要意义。

高等农林教育是我国高等教育体系的重要组成部分，在构建高质量农林教育体系、培养新型知农爱农人才和打造农业现代化科技创新支撑力量中，发挥了重要的引领示范作用。高等农林院校是高等农林教育的核心主体，承载了学科知识创新、涉农人才培养和服务乡村振兴的重要使命，其学科专业是知识生产、人才培养与技术转化的基础平台和重要载体。因此，本研究聚焦高等农林院校的学科专业布局现状特征、调整驱动因素和演变趋势，从学科专业供给与产业行业需求的互动视角分析高等农林院校学科布局结构与产业结构的耦合关系，尝试厘清高等农林院校学科专业布局的潜在问题与瓶颈挑战，以期为优化高等农林院校学科专业布局、加快推进高等农林教育高质量发展提供科学支撑。

一、高等农林院校学科专业布局的现状特征、调整驱动因素与演变趋势

（一）高等农林院校学科专业布局的现状特征

在国家政治变迁、社会经济发展和教育体制改革的交叠中，中国近代高等农林教

育先后完成了四次转型改革，从综合性大学农学院、单科性农学院、多科性农业大学向农业特色研究型大学演变，学科专业布局从单一农学门类、多学科涉农门类向综合化理工农管交叉融合发展。[1] 2019 年，教育部发布《安吉共识——中国新农科建设宣言》，强调高等农林教育必须创新发展，必须发展新农科，扎根中国大地掀起高等农林教育的质量革命，为世界高等农林教育发展贡献中国方案。新农科建设标志着我国高等农林教育迎来第五次转型，吹响了优化学科专业布局、培养新时代农林人才的号角。

目前，我国现有高等农林院校 105 所（具体名单如表Ⅱ–10 所示），具体院校范围是指校名中包含"农""林""海洋"等字段，且覆盖农学学科门类的农林类公立全日制普通本科院校。其中，普通农林本科院校 55 所，包括公立院校 46 所（含"双一流"农林院校 12 所）、民办院校 9 所；普通农林专科院校 50 所，含"双高计划"职业院校 5 所，占比 10%。近两年，我国农林院校每年为农业及相关产业稳定输送本专科涉农人才近 36 万，年均增长率为 3.1%；输送硕、博士人才 6.8 万，分别占毕业生规模的 14.30% 和 1.8%。[2]

表Ⅱ–10　我国普通高等农林院校名单

学校类型	学校名单
公立普通本科院校（46 所）	"双一流"农林院校（12 所）：中国农业大学、西北农林科技大学、南京农业大学、华中农业大学、华南农业大学、四川农业大学、东北农业大学、北京林业大学、东北林业大学、南京林业大学、中国海洋大学、上海海洋大学
	非"双一流"农林院校（34 所）：天津农学院、河北农业大学、山西农业大学、内蒙古农业大学、沈阳农业大学、吉林农业大学、黑龙江八一农垦大学、浙江农林大学、福建农林大学、安徽农业大学、江西农业大学、山东农业大学、青岛农业大学、河南农业大学、湖南农业大学、仲恺农业工程学院、云南农业大学、甘肃农业大学、新疆农业大学、北京农学院、江苏海洋大学、西南林业大学、中南林业科技大学、广东海洋大学、浙江海洋大学、吉林农业科技学院、山东农业工程学院、西藏农牧学院、信阳农林学院、大连海洋大学、海南热带海洋学院、广西农业职业技术大学、甘肃林业职业技术大学、新疆农业职业技术大学
民办普通本科院校（9 所）	河北农业大学现代科技学院、浙江农林大学暨阳学院、福建农林大学金山学院、江西农业大学南昌商学院、湖南农业大学东方科技学院、华南农业大学珠江学院、青岛农业大学海都学院、新疆农业大学科学技术学院、中南林业科技大学涉外学院

[1] 董维春，董文浩，刘晓光. 中国近现代高等农业教育转型的历史考察与展望——基于教育与社会系统互作分析框架［J］. 中国农史，2022，41（4）：36–50.

[2] 数据来源：《中国教育统计年鉴》。

续表

学校类型	学校名单
普通农林专科院校（50所）	黑龙江农业经济职业学院、山东畜牧兽医职业学院、苏州农业职业技术学院、成都农业科技职业学院、云南林业职业技术学院、江苏农牧科技职业学院、杨凌职业技术学院、黑龙江农业工程职业学院、广西职业技术学院、湖南生物机电职业技术学院、上海农林职业技术学院、温州科技职业学院、辽宁农业职业技术学院、湖南环境生物职业技术学院、江西环境工程职业学院、北京农业职业学院、山西林业职业技术学院、广西生态工程职业技术学院、黑龙江林业职业技术学院、河南农业职业学院、江西生物科技职业学院、云南农业职业技术学院、福建农业职业技术学院、黑龙江生态工程职业技术学院、河南林业职业学院、甘肃畜牧工程职业技术学院、福建林业职业技术学院、南阳农业职业学院、江西农业工程职业技术学院、甘肃农业职业技术学院、黑龙江农业职业技术学院、南通科技职业学院、山西运城农业职业技术学院、安徽林业职业技术学院、玉溪农业职业技术学院、伊犁职业技术学院、贵州农业职业学院、大理农林职业技术学院、宁夏葡萄酒与防沙治沙职业技术学院、广东茂名农林科技职业学院、江苏农林职业技术学院、兰州资源环境职业技术大学、广东农工商职业技术学院、广西农业工程职业技术学院、黑龙江农垦职业学院、兰考三农职业学院、浙江农业商贸职业学院、厦门海洋职业技术学院、泉州海洋职业学院、威海海洋职业学院

注：《全国高等学校名单》于 2024 年 6 月 20 日发布。该名单未包含港澳台地区高等学校，且处于动态调整中。

从学科数量看，在我国普通高等农林本科院校中，学科门类覆盖《普通高等学校本科专业目录》中 12 个学科门类，平均每所农林院校覆盖 7 个学科门类，较综合性大学（平均覆盖 11 个学科门类）、其他行业性大学（平均覆盖 10 个学科门类）偏少。其中，"双一流"高等农林院校已基本实现从多学科性向综合学科性过渡，构建了"农、理、经、管、工、文、法等多学科协调发展的学科专业体系"，发展成为"以农学、生命科学、农业工程和食品科学为特色优势的研究型大学"体系。[1]

从专业规模看，每个农林院校平均设置 53 个专业，设置专业数最多的是内蒙古农业大学，设置专业数量为 107 个，覆盖理、工、农、经、管、文、法、哲、史、艺 10 个学科门类；设置专业最少的是北京农学院，设置专业 37 个，实际招生专业 31 个，覆盖农、理、工、管、经、法、艺 7 个学科门类。[2] 整体上，不同院校学科门类下设专业数量存在较大差异，且专业设置具有一定重复性。

[1] 根据"双一流"高等农林院校官网信息整理。

[2] 根据各农林院校本科招生官网信息整理。

从门类结构看,高等农林院校的理工、农、经管、文法呈现 5:2:2:1 阶梯分布,即理工学科门类的专业约占所有专业的 50%,农学学科门类专业约占 20%,经管学科门类专业约占 20%,其他学科门类专业约占 10%。整体上,高等农林院校围绕理、工、农 3 个核心学科门类设置专业,专业设置具有学科综合化、理工集聚化、农学特色化的核心特征。

从优势学科看,在国际层面,全国 14 个学科进入基本科学指标(essential science indicator,ESI)全球排名前 1%,包含植物学与动物学、化学、农业科学、材料科学、微生物学、环境科学与生态学、生物学与生物化学、分子生物学与遗传学、工程学、免疫学、药理学与毒理学、计算机科学等;2 个学科进入 ESI 全球排名前 1‰,包含植物学与动物学、农业科学,主要集中分布在农林优势学科和涉农理工学科。在国内层面,7 所农林高校获批 16 个国家一级重点学科,"双一流"农林高校国家级一流本科专业建设点平均为 27 个,均集中分布在农林特色优势学科专业。

综上所述,我国高等农林院校学科专业布局具有学科门类综合化、专业建设规模差异化、专业设置集聚化、优势学科特色化四大特征。相较于其他高等院校,高等农林院校平均覆盖学科门类的数量偏少,不同院校专业规模方差偏大,专业设置集中在理、工、农 3 个学科门类,全球 ESI 优势学科和国家级一流本科专业建设点集中分布在农林特色优势专业。

(二)高等农林院校学科专业布局调整的驱动因素

学科是人类社会某个领域长期积累的知识成果,是根据知识结构的内在逻辑形成的系统化知识体系,是知识逻辑、人为建构、行业共识与国家承认共同运作的结果。[1] 基于此,高等农林院校学科专业布局调整的驱动因素可归纳为三方面,其一是产业结构优化升级的外生驱动力量,其二是学科知识体系的内部分化与衍生,其三是国家教育管理部门为主导、行业产业界为支撑的合法性赋予。[2,3]

首先,产业结构优化升级的外生驱动力量是高校学科专业布局调整的重要驱动因素。结构功能主义理论认为,高等教育是社会经济系统的构成部分,在与其他结构的

[1] 郭建如.新医科建设的制度分析[J].国家教育行政学院学报,2024(3):58-68.
[2] 张德祥,王晓玲.高等学校专业动态调整的三重逻辑[J].教育研究,2019,40(3):99-106.
[3] 田贤鹏.高校学科专业动态调整:模式、困境与整合改进[J].高校教育管理,2018,12(6):44-50.

互动中进行资源交换是实现可持续发展的重要途径。[1]以基因技术、量子信息技术、新材料新能源技术、虚拟现实等为代表的第四次科技和产业革命已经到来，同时也带动了农业领域新革命，大大推动了农业产业结构升级和生产方式变革。[2]现代农业发展呈现出第一、第二、第三产业不断融合的核心特征，衍生出以工程化、基因化、数字化、绿色化、营养化为发展方向的"新行业""新业态"，智慧农业、生态农业、观光农业、农业康养、农产品电子商务深化发展，打破了我国传统农业产业结构，驱动农业现代化转型升级。投射到高等教育领域，高等农林学科专业布局随之呈现出"交叉性""大农科"等特征，农、理、工、人文、社科不断交叉融合、深化发展。高等农林教育与经济结构发展之间形成了一种耦合协同关系。一方面，产业经济系统通过产值变动、劳动力市场供需关系、急需紧缺技术人才缺口等多种信号机制，向高校反馈不同学科专业人才需求的动态变化趋势。另一方面，高等教育系统则通过产业结构变动的信息，适时优化学科专业布局，提升人才供给的适配性与充足性，以实现专业型人力资本的有效配置。[3]

其次，学科知识体系的内部分化与衍生是高校学科专业布局调整的另一个重要驱动因素。学科的本质是相对独立的知识体系，是大学教学活动与科学研究密切互动的组织单元。专业的本质是以课程形式结构化的知识体系，[4]是人才培养的基本载体。新兴专业的出现有赖于既有知识体系中优势学科的深化拓展和交叉延伸，不断突破传统学科边界和研究范式，催生新兴领域并使之逐渐成熟。近年来，生命科学、信息科学、智能制造等前沿交叉领域不断涌现，形成了以 DNA 双螺旋结构、计算机和信息技术、生物技术为支撑的前沿应用技术变革，加快了以农学与生命科学为核心的理、工、医、经、管等交叉学科的融合与衍生，形成了利用现代生物技术手段对农作物进行基因编辑和改良，以提高农作物产量、抗病性和适应性的农业生物技术与基因组学；专注于研究农业活动对环境的影响以及如何通过生态友好的方式进行农业生产、实现农业生产的可持续发展的农业生态学与环境科学；利用现代信息技术手段（如物联网、大数据、人工智能等），为农业生产提供决策支持，改进农业生产和管理，提

[1] SCHOFER E, MEYER J W. The worldwide expansion of higher education in the twentieth century［J］. American Sociological Review, 2005, 70（6）: 898-920.

[2] 林万龙，朱菲菲. 以新质生产力引领农业强国建设［EB/OL］.（2024-02-17）［2024-05-12］. https://theory.gmw.cn/2024-02/17/content_37148262.htm.

[3] 金红昊. 工程专业动态调整的演进趋势及驱动机制［J］. 高等工程教育研究, 2024（1）: 65-72.

[4] 卢晓东，陈孝戴. 高等学校"专业"内涵研究［J］. 教育研究, 2002（7）: 47-52.

高生产效率和质量的农业信息技术学等，出现了生物育种科学、智慧农业、兽医公共卫生等新兴专业，推动学科合法性不断向"成熟"发展。

最后，国家教育管理部门为主导、行业产业界为支撑的合法性赋予是高校学科专业布局调整的重要驱动因素。高等教育内嵌于国家政府、行业产业与社会发展之中，受到国家政策、经济体制及行业共识的广泛深刻影响。新制度主义理论认为，制度在塑造和约束个体或组织行为、结构和发展中发挥着重要作用。[1] 国家教育部门面向宏观社会经济发展战略和高等教育目标，通过制定高等教育政策、法规和规划，为学科专业设置提供了明确的布局方向、调整目标和制度框架，自上而下地引导急需紧缺学科专业布局，回应社会经济发展重大需求；同时，学科专业设置也受到经济体制、行业共识、高等教育共同体、社会文化等制度环境的诱导与约束，在多元利益相关者的博弈、互动和裹挟中，开展某个学科专业设置的决策及实施。2022 年 8 月，教育部办公厅关于印发《新农科人才培养引导性专业指南》，面向国家重大发展战略需求和农业新产业新业态，设置生物育种科学、智慧农业、农业智能装备工程等 12 个新农科人才培养引导性专业，引导涉农高校深化农林教育供给侧结构性改革，加快培养急需紧缺农林人才。在政策推动、产业呼应及学科外延扩充下，新兴学科专业人才培养诉求加剧，高校不断加快建设具有前瞻性、引导性的新专业，新建智慧农业、农业智能装备工程、生物育种科学、兽医公共卫生等多个新兴交叉专业。

上述驱动因素并非独立驱动学科专业布局调整，而是存在相互协调的互动关系。一方面，市场经济具有自发性、盲目性和滞后性，单纯依赖产业需求释放的信号信息可能导致人才培养功利化、短视化的弊病，引发盲目申报热门专业"锦标赛"现象，进而造成学科偏振、人才供需失衡的严重后果，[2] 需要国家政府的科学引导、行业产业的有效回应以及学科发展规律的客观顺应。另一方面，如果学科专业优化调整缺少对经济社会发展的关照与回应，则可能引发人才供给与产业发展需求脱节、技术应用转化缺位等问题，造成行业发展人才供给不足、毕业生就业结构性失业等多重问题。因此，学科专业布局须兼具服务外部经济发展需求和加强内部学科优势基础的双重驱动性。在这种相互协调、相互制约的理论基础上探讨高等农林院校学科专业布局，对考察农林专业动态调整的演进趋势及其驱动因素具有基础性和学理性意义。

[1] CARROLL G R, MEYER J W, SCOTT W R, et al. Organizational environments: ritual and rationality [J]. Social Forces, 1985, 64（2）: 528.

[2] 胡平. 经济结构战略性调整对高等学校专业结构设置的影响 [J]. 中国高教研究, 2011（7）: 56-58.

（三）高等农林院校学科专业布局的演变趋势

为分析我国高等农林院校学科专业布局的演变趋势，本研究基于 2012—2023 年度普通高等学校本科专业备案和审批结果，整理得出了历年高等农林院校新增涉农备案专业布点、新增涉农审批专业布点数量变化趋势，如图Ⅱ-2 所示。

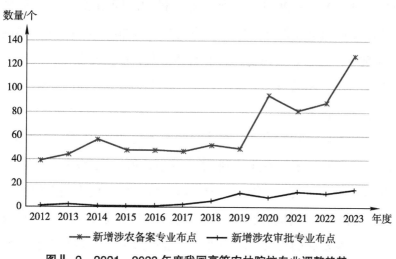

图Ⅱ-2　2021—2023 年度我国高等农林院校专业调整趋势

整体而言，2012—2023 年度，新增涉农备案专业布点总量呈现波动上升的趋势，特别是在 2019 年度新农科建设启动后，每年新增涉农备案专业布点从 50 个左右波动增长至 90 个左右，2023 年度更是突破了百个大关。其中，新增审批专业布点在 2018 年度前相对稳定，于 2019 年度起大幅增加，从个位数提升到近 20 个。自 2022 年 8 月教育部办公厅印发《新农科人才培养引导性专业指南》，将生物育种科学、生物育种技术、土地科学与技术、生物质科学与工程、生态修复学、国家公园建设与管理、智慧农业、农业智能装备工程、食品营养与健康、兽医公共卫生、乡村治理、全球农业发展治理 12 个专业列为新农科人才培养引导性专业后，高等农林院校积极加快布局前沿、交叉新农科专业。据统计，截至 2024 年 3 月，全国已有 52 所院校开设智慧农业专业，20 所院校开设农业智能装备工程专业，18 所院校开设生物育种科学专业，7 所高校开设兽医公共卫生专业。

从学科门类看，2023 年新增涉农备案、审批本科专业 127 个，农学门类占比 48.1%，工学门类占比 41.9%，涉农交叉学科专业占比约 60%；2022 年新增涉农备案、审批本科专业 100 个，农学门类占比 53.4%，工学门类占比 46.6%，涉农交叉学科专业占比超过 50%。整体上，虽然高等农林院校加快布局前瞻性、交叉性学科专业，涉农交叉学科专业发展较为迅速，但新兴、交叉学科设置速度较工科类型高校仍偏低。

从学科集聚看，本研究进一步分析了近五年新增涉农备案、审批专业的趋同度情况，具体以新增频次最高的前5种涉农备案、审批专业及其频次之和占当年新增备案、审批专业总数的比例为据。可以发现，各高校在增设农林专业时存在明显的集聚特征，近五年集中申报食品营养与健康、智慧农业、农业智能装备工程、生物育种科学等相关热门专业。2019—2023年，新专业建设的趋同指数在45%左右波动，较其他学科新专业建设趋同指数偏高。值得关注的是，从2022年起，趋同指数大幅抬升，2022年达到近50%，这意味着在全国新增农林备案、审批专业中，频次最高的前5种专业已占比50%以上。从表Ⅱ-11呈现的各年度增设频次最高的专业名称看，2022年度"智慧+"专业已备案、审批16个，"食品+"相关专业达到20个左右，"育种"相关专业达到8个左右；2023年度"智慧+"专业已达到25个，"食品+"相关专业达到19个左右，"育种"相关专业达到12个左右，所占比例相当可观。自2019年人工智能产业蓬勃发展起，人工智能专业成为以工科院校为代表的高校增设频次最高的专业类型；[1] 与之相应，农林院校积极推进"智慧+"专业供给侧结构性改革，重点布局建设引领未来农业发展的交叉学科专业，目前已形成了以智慧农业、智慧林业、智慧牧业科学与工程、智慧水利和农业智能装备工程等5个"智慧+"专业为核心组成部分的专业集聚，为农业现代化发展培养急需紧缺人才。2019—2023年度我国普通高等农林院校备案、审批专业建设趋同指数变化如图Ⅱ-3所示。

表Ⅱ-11　2019—2023年度我国普通高等农林院校备案、审批专业集聚情况

年度	备案、审批数量位于前三频次的专业
2019	食品质量与安全（7）、风景园林或园林（5）、酿酒工程（5）、林学（3）、经济林（3）
2020	食品营养与健康（13）、智慧农业（13）、风景园林或园林（8）、食品质量与安全（5）、食品科学与工程（5）
2021	食品营养与健康（14）、智慧农业（13）、兽医公共卫生（4）、设施农业科学与工程（3）、草坪科学与工程（3）、种子科学与工程（3）
2022	食品营养与健康（20）、智慧农业（9）、生物育种科学或生物育种技术（8）、智慧林业（7）、农业智能装备工程（6）
2023	食品营养与健康（19）、智慧农业（15）、生物育种科学或生物育种技术（12）、智慧牧业科学与工程（6）、智慧林业（4）、农业智能装备工程（4）

注：括号里为当年度备案或审批此专业的总数。

[1]　金红昊.工程专业动态调整的演进趋势及驱动机制［J］.高等工程教育研究，2024（1）：65-72.

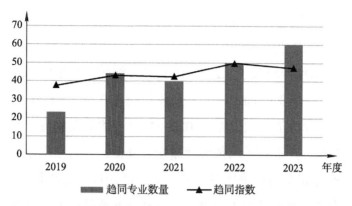

图Ⅱ-3　2019—2023 年度我国普通高等农林院校备案、审批专业建设趋同指数变化

对于高等农林院校学科专业布局调整背后的驱动因素，本研究基于上文中的理论机制分析框架，从"内生优势学科衍生""外生产业结构驱动""内外双重互动协调"3 个维度运用多元回归模型探究了农林专业调整的驱动机制。回归结果显示，"内生优势学科衍生"与"外生产业结构驱动"均对涉农专业动态调整具有促进作用。在内生驱动方面，高校内部农（林）学优势学科的集聚能够显著提升新增涉农备案、审批专业数量；在外生驱动方面，区域农业增加值与高校新增涉农备案、审批专业数量之间呈现正向关联性。换言之，不仅宏观产业结构变化能够推动高校涉农专业布局变化调整，高校内部优势学科对新兴新建专业的支撑力量也不容忽视，优势学科的成熟发展与延续拓展是新专业建设的重要依托和根本动力。此外，"内生优势学科衍生"与"外生产业结构驱动"的交互项对农林院校专业调整呈现出显著正向影响，间接验证了二者之间存在"内外双重互动协调"效应。具体来看，区域农业增加值每提升 1 个单位，高校优势学科数对新增涉农专业数的影响系数会提升近 1/5。

二、高等农林院校学科专业结构与产业结构的耦合关系

在分析高等农林院校学科专业布局的现状特征、调整驱动因素与演变趋势的基础上，本研究进一步探索了高等农林院校学科专业结构与产业结构的耦合关系，为捕捉与把握二者之间的协同效应提供循证基础，进而从实证层面为更好地发挥高等农林院校人才培养效应提供科学参考。

在产业结构发展方面，我国第一产业增加值从 2021 年的 83 216.5 亿元增长到 2023 年的 89 755.2 亿元，年均增长率为 3.85%，增长速度较往年明显提高。在宏观

经济平稳运行的背景下，我国农业保持高质量稳步发展。根据国家统计局公开数据，2023 年我国国内生产总值（gross domestic product，GDP）达到 126.06 万亿元，按照不变价格计算，比 2022 年增长了 5.2%，其中第一产业增加值为 8.98 万亿元，在 GDP 中占比为 7.12%。第一产业对 GDP 增长的贡献作用在 0.3%，与 2022 年保持一致。

从农业及相关产业分类增加值看，2020—2022 年农业及相关产业增加值中三次产业比重变化呈现与第一产业相关增加值比重明显降低，与第三产业相关增加值比重明显上升，与第二产业相关增加值比重波动性提高的趋势（见图 Ⅱ-4）。具体来看，农林牧渔业、食用农林牧渔产品加工与制造、农林牧渔业及相关产品流通服务增加值规模居前三，占农业及相关产业增加值的比重分别为 47.3%、20.7%、14.1%。此外，我国农林牧渔业休闲观光占农业增加值比重为 4.2%，较 2020 年提高 0.5 个百分点；农林牧渔业流通服务占农业增加值比重为 14.1%，较 2020 年提高 0.8 个百分点；农林牧渔业科研技术服务占农业增加值比重为 1.6%，较 2020 年提高 0.1 个百分点；农林牧渔业教育培训与人力资源服务占农业增加值比重为 0.9%，与往年持平。[1] 可见，农业发展呈现出一二三产业融合的特征，产业链条持续延伸，"农业 +"行业发展呈现多元化趋势。

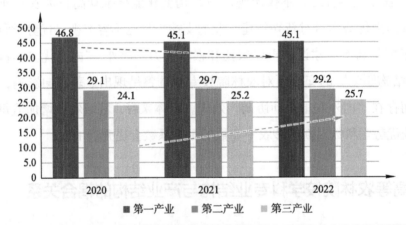

图 Ⅱ-4　2020—2022 年全国农业及相关产业增加值中三次产业占比变化趋势图

在学科结构方面，2020—2022 年高等农林院校毕业生规模总数超过 40 万，其中与第一产业相关的农学毕业生规模为 14.8 万人，与第二产业相关的理工学毕业生规模为 19.2 万人，与第三产业相关的经济学、管理学、教育学等毕业生规模在 9.4 万人左

[1]　国家统计局 . 2020—2022 年全国农业及相关产业增加值情况［EB/OL］.（2023-12-09）［2024-04-12］. https://www.stats.gov.cn/xxgk/sjfb/zxfb2020/202312/t20231229_1946073.html

右。[1] 运用耦合协调系数计算高等农林院校学科专业结构与农业相关产业结构的耦合系数发现，我国高等农林院校学科专业结构与产业结构之间的耦合协调度长期以来处于濒临失调水平（耦合协调度 D 值均值为 0.439），虽然近年来二者的耦合协调度有所提升，但该耦合协调水平距离初级耦合协调（耦合协调度 D 值不小于 0.6 且小于 0.7）还有一段较长距离。具体来看，农学门类规模与农业及相关产业增加值中与第一产业相关增加值比重之间的耦合度最高，处于良好协调状态（耦合协调度 D 值为 0.859）；理工门类规模与农业及相关产业增加值中与第二产业相关增加值比重之间的耦合度次高，处于初级协调状态（耦合协调度 D 值为 0.656）；然而，经管医法等门类规模与农业及相关产业增加值中与第三产业相关增加值比重之间的耦合度最低，处于严重失调状态（耦合协调度 D 值为 0.100）。

考虑到学科专业的交叉性和内涵外延的拓宽性，本研究突破以往简单将农学对应第一产业、理工学科对应第二产业、经管文法医等学科对应第三产业的划分方法，进一步使用普通高等学校本科专业布点所属门类比例进行了验证分析。目前，全国普通高校本科专业布点总数 6.6 万个，[2] 其中涉农专业布点 2 323 个，与第一产业相关的专业布点 1 005 个（含草学类 40 个、林学类 255 个、水产类 87 个、植物生产类 510 个、动物生产类 113 个），占比 43.3%；与第二产业相关的专业布点 951 个（含林业工程类 50 个、农业工程类 151 个、食品科学与工程类 750 个），占比 40.9%；与第三产业相关的专业布点 367 个（含农业经济管理类 115 个、动物医学类 156 个、自然保护与环境生态类 96 个 [3]），占比 15.8%。运用耦合协调系数计算学科专业布点结构与农业

[1] 教育部 . 2020—2022 年教育统计数据（高职专科分专业大类学生数、普通本科分学科门类学生数、分学科门类研究生数）[EB/OL] .（2023-12-29）[2024-04-12] .http://www.moe.gov.cn/jyb_xwfb/s5147/202305/t20230510_1059019.html.

[2] 中华人民共和国教育部 . 高校学科专业迈向分类发展特色发展 [EB/OL] .（2023-05-10）[2024-04-12] . http://www.moe.gov.cn/jyb_xwfb/s5147/202305/t20230510_1059019.html.

[3] 考虑到自然保护与环境生态类专业设置包括环境科学、环境工程、生态学、生态工程等，具体涉及环境监测、污染治理、生态修复、生态系统管理等方面，毕业生多从事农业资源管理及利用、农业环境保护、生态农业、野生动物与自然保护区管理等方面工作，故将其归为与第三产业服务业更为相关的学科大类。同理，相比动物生产类专业更聚焦农业动物的育种与养殖，即猪、牛、羊、禽等畜禽动物及家蚕、蜜蜂、水产等特种经济动物的遗传育种、营养饲料、产品加工等，动物医学类专业更多关注研究动物的疾病发生规律、诊断和防治，保障畜禽、伴侣动物、医学实验动物及其他观赏动物的健康生长，毕业生多从事动物健康防治保障工作、动物药品配方、生产开发、药残检验、药品营销、药政管理、动植物检疫及卫生食品检疫工作等方面工作，故将动物生产类专业归为与第一产业更相关的学科专业，将动物医学归为与第三产业更相关的学科专业。

相关产业结构的耦合系数发现，涉农高校学科专业布点结构与第一产业相关增加值比重之间的耦合度最高，处于优质协调状态（耦合协调度 D 值为 0.995）；与第二产业相关增加值比重之间的耦合度次之，处于初级协调状态（耦合协调度 D 值为 0.641）；与第三产业相关增加值比重之间的耦合度最低，处于中度失调状态（耦合协调度 D 值为 0.100）。该结果与上述分析结果基本一致，即我国高等农林院校学科专业结构与产业结构之间的耦合协调度基本处于勉强耦合水平，学科专业布局结构与第三产业的耦合度较低。

因此，我国高等农林院校亟待进一步调整学科门类布局结构，科学研判提升农林牧渔与休闲观光、科研技术服务、教育培训与人力资源服务等第三产业交叉学科建设的必要性与规模度，以更好地提升人才供给的适配性与充足性，服务农业现代化发展。

三、高等农林院校学科专业布局的优化路径

通过分析高等农林院校学科专业布局的现状特征、调整驱动因素和演变趋势，以及高等农林院校学科专业布局结构与产业结构的耦合关系，本研究发现目前我国高等农林院校学科专业布局存在以下优化方向。

第一，夯实基础学科根基，强化农学特色学科，均衡布局其他学科，优化调整学科专业结构。目前，我国高等农林院校学科门类结构存在一定程度失衡，虽然高等农林院校整体学科门类向数量综合化和质量特色化发展，但相较于其他高等院校，平均覆盖学科门类的数量偏少，不同院校专业规模方差偏大，专业设置集中在理工农三个学科门类，学科偏振问题较为突出，交叉学科设置迟滞。从国际高水平涉农高校的学科结构来看，全球高竞争力涉农高校的学科布局呈现文理基础学科扎实、农业科学学科特色突出及其他学科布局相对均衡的共性特征，理工基础学科知识渗透为农业科学学科提供持续动力和科研支撑力，人文社会科学知识输出为农业科学学科提供创造活力和想象空间，共同支撑农业科学学科不断发展壮大与交叉融合拓展。[1] 鉴于此，我国高等农林院校应面向国家重大战略和经济社会发展需求，根据自身的办学特色、育人目标和学科优势，制定学科专业发展规划，优化重塑学科专业布局结构，夯实理

---

[1] 赵勇，李晨英，韩明杰. 中外高水平涉农高校的学科结构特征比较——基于 QS 世界大学农业学科排名的科学计量学分析 [J]. 情报杂志，2015，34（5）：92-97.

学、工学等基础学科根基，对基础学科给予足够重视，尝试打破学科专业壁垒，推动基础学科向农业科学的知识迁移与输入渗透，深化不同学科专业交叉融合，加快农学学科专业的不断创新拓展，改造升级传统农学专业，加快布局理工农医、人文社科交叉学科专业，重塑涉农高校学科专业布局，加快构建高质量农林教育体系。

第二，完善学科专业动态调整机制，提升我国高等农林院校学科专业结构与产业结构的耦合程度。长期以来，高等农林院校学科专业结构与农业下属三次产业增加值之间的耦合协调度处于勉强耦合水平，虽然近年来二者的耦合协调度有所提升，但该耦合协调水平距离初级耦合协调还有一定距离。因此，建议高等农林院校主动探索学科专业布局动态调整机制，一方面，基于学科专业全景动态分析，结合高等农林院校专业质量监测结果，周期性评估学科专业发展质量，加强学科专业建设质量保障，助力实现人才培养需求预测、培养、评价、预警协同发展，深化落实学科专业科学性、前瞻性、动态性布局。另一方面，积极协同教育部门、行业部门等相关实体组织，实时监测农林各专业人才培养规模与劳动力市场需求变化趋势，建立完善学科专业发展治理体系，强化多部门统筹联动，推动学科专业布局体制机制创新，前瞻性制定学科专业发展规划，引领学科专业优化调整。

第三，优化专业建设质量保障与退出机制，强化教材、师资、课程等核心要素建设。在制度扩散与诱致模仿机制下，高等农林院校学科专业设置存在一定的趋同倾向。人才培养具有一定滞后性，学生通常要至少培养4年方能进入劳动力市场，而产业发展相对更为迅速且经济增长点在一段时间后会发生转移，二者之间存在较大时间错位可能性。高校一旦在一个时间段内大量增设某一专业，并在组织惯性影响下难以在短期内调整或撤销，则可能引发高校扎堆增设热门专业进而发生人才供给结构的系统性偏差。新兴前沿专业建设需要高质量、相对成熟的课程体系、教材建设、师资队伍和培养方案等支撑人才培养实践，因此高等农林院校在设置新兴专业时应基于办学目标、学校特色、学科积累和办学条件因地制宜、因需制宜地设置新专业，建立高等农林院校专业布局与产业行业发展需求动态交流机制，形成前沿知识加快技术扩散、新兴产业引导学科布局的双向驱动模式，加强教材、师资、课程、平台等人才培养核心要素建设，避免盲目追随产业经济热点而忽略人才培养的主体性。

新农科建设背景下跨学科专业建设的机制探索与创新

金帷　杨帆

（中国农业大学）

农业发展方式的重大变化推动着"农"的概念转型，也导致现代农业所依赖的学科知识日益综合化，这使得"交叉融合"成为新农科建设的重要特征。在学科发展由"高度分化"趋向"交叉融合"的大背景下，这符合当前学科专业建设和人才培养的总体趋势。2022年8月，教育部办公厅正式印发《新农科人才培养引导性专业指南》，明确将智慧农业、生物育种科学、农业智能装备工程等五大领域12个专业列为新农科引导性专业。指南强调打破"以学科为基础"、围绕传统农业生产分工设置专业的模式，并破解由此带来的专业教育与产业发展需求脱节的问题与挑战。指南发布以来，涉农高校加速专业布局调整，新增涉农备案专业88个，占新增备案专业总数的5.4%；新增涉农审批专业12个，占新增审批专业总数的6.8%。[1] 在新增专业中，食品营养与健康、智慧农业、农业智能装备工程、生物育种科学等典型跨学科专业布点数分别达到68所、52所、20所和18所。[2] 很显然，如何推动跨学科专业建设成为下一阶段深化新农科建设的重点和难点。

[1] 全国新农科建设中心.2022年度普通高校本科涉农专业新增备案和审批结果［EB/OL］.（2023-05-24）［2024-03-30］.http://nceaed.cau.edu.cn/art/2023/5/24/art_46784_970472.html.

[2] 教育部.教育部关于公布2023年度普通高等学校本科专业备案和审批结果的通知［EB/OL］.（2024-02-05）［2024-03-30］.http://www.moe.gov.cn/srcsite/A08/moe1034/s4930/202403/t20240319_1121111.html.

一、从跨学科到跨学科专业：新农科建设背景下跨学科专业设置的重要性

（一）跨学科与跨学科教育

跨学科涉及两个或更多学科的互动，这种互动不仅限于思想交流，也进一步促进了概念、方法、流程、认识方式、学术表达、数据资源以及研究教育机构的全方位深度融合与发展，形成新的研究范式。[1]一般认为，迈克尔·吉本斯等人对新知识生产方式的阐释为跨学科研究以及跨学科教育奠定了合法性。在这一新的知识生产模式下，知识生产更多地产生于应用的语境，且知识生产由于更多源于实际问题，具有天然的跨学科性质，这些知识有独特的理论结构、研究方法和实践模式。[2]跨学科研究与教育是跨学科发展的两大重要支柱。[3]其中，跨学科教育的核心是知识的整合，其过程需要多学科跨越知识边界主动作用，其目标是培养学生不仅能够从不同的视角看待事物，而且能够形成鉴别、比较、联系、综合等解决复杂问题的能力。[4]1998 年，美国博耶研究型大学本科教育委员会（The Boyer Commission on Educating Undergraduates in the Research Universities）发表了重要报告《重建本科教育：美国研究型大学发展蓝图》（Reinventing Undergraduate Education：A Blueprint for America's Research Universities）提出了关于跨学科教育的组织问题，报告指出，研究型大学必须排除跨学科教育的障碍，创造出有利于跨学科本科教育的新机制。[5]这份对世界范围内研究型大学本科教育产生巨大影响的报告推动了跨学科本科教育的制度性尝试。紧随其后，美国国家科学院（National Academy of Sciences）、美国国家工程院（National Academy of Engineering）和美国医学研究院（Institute of Medicine）等在21 世纪初联合成立促进跨学科研究委员会（Committee on Facilitating Interdisciplinary Research），并在其研究报告《促进跨学科研究》中明确指出，跨学科教育成为高等教

[1] APOSTEL L，BERGER G，BRIGGS A，et al. Interdisciplinarity：problems of teaching and research in universities［M］. Paris：OECD，1972：23–26.

[2] 吉本斯. 知识生产的新模式：当代社会科学与研究的动力学［M］. 陈洪捷，沈文钦，译. 北京：北京大学出版社，2011：3–5.

[3] 刘海涛. 高等学校跨学科专业设置：逻辑、困境与对策［J］. 江苏高教，2018（2）：6–11.

[4] 文雯，王嵩迪. 知识视角下大学跨学科课程演进及其特点［J］. 中国大学教学，2022（4）：75–82，96.

[5] 张泽懿，卢晓东. 中美理科本科专业设置比较研究［J］. 高等理科教育，2014（2）：61–87.

育改革的生长点，认为"联邦和各州的所有资助机构都要进行相应改革，以利于促进交叉学科研究和拔尖人才培养"。[1] 随后，跨越学科专业边界，以更加协同整合的模式推进知识生产和人才培养成为各国高等教育改革与创新的整体性趋势。

（二）跨学科专业的内涵及其特征

作为实现跨学科教育和跨学科人才培养的一种重要方式，跨学科专业是指高等学校中基于两个或两个以上学科门类，来实施跨学科教育与研究的基本组织与平台，是其进行人才培养、科学研究和社会服务的重要载体。与传统学科专业的形式结构类似，跨学科专业拥有自身相应的文化价值、课程体系、制度体系以及资源支持等。[2] 跨学科专业不是对原有专业的简单移植或拓展，更不是对相关专业的简单拼凑与并置，而是对相关学科内容有组织、有目的的交叉与整合。在跨学科专业中，不同学科知识的融合程度、知识结构将直接影响跨学科专业的知识创新与人才培养效果。因此，跨学科专业建设是一项极具挑战性、高难度、全校性的系统性工作，不仅需要打破传统的学科分类界限、突破传统的专业培养制度的阻碍、营造多学科交叉融合的氛围，还要深入研究不同学科间的关联性和相互作用，找到多学科交叉融合的契合点、着力点和支撑点，又要从未来发展的角度，面对不确定和动态变化的未来需要，形成多学科交叉融合的放大效应。[3]

（三）农业领域跨学科专业设置的必要性

在新一轮科技和产业革命背景下，面对新时代国家重大发展战略和世界高等教育的新发展新形势，我国先后启动新工科、新医科、新农科、新文科"四新"建设，旨在以此推动高等教育系统性变革与创新发展，全面提升高等教育服务能力与贡献水平。对于新农科建设而言，由技术和产业变革带来的以农业发展方式转型以及农业多功能性凸显为核心特征的"新农业"和"大农科"是新农科建设的核心内涵，也是指导高等农林教育发展思路、标准、路径和评价整体性创新的依据。[4] 一方面，现代农

---

[1] 田贤鹏，姜淑杰.高校拔尖创新人才培养的跨学科机制创新及启示——基于卡内基梅隆大学"智能＋"的案例考察 [J].教育发展研究，2023（23）：59-67.

[2] 刘海涛.高等学校跨学科专业设置：逻辑、困境与对策 [J].江苏高教，2018（2）：6-11.

[3] 林健.多学科交叉融合的新生工科专业建设 [J].高等工程教育，2018（1）：32-45.

[4] 林万龙，金帷.农业强国背景下新农科建设内涵与路径的再认识 [J].国家教育行政学院学报，2024（1）：37-43.

业是通过多学科交叉、多技术耦合，多领域渗透的综合性农业生产体系。其突出特点是突破传统学科边界和产业划分，这就使单纯"以学科为基础"，围绕学科设置专业和开展人才培养的模式受到挑战。[1] 新农科专业建设迫切需要通过农工、农理、农医、农文等学科深度交叉融合，破解涉农专业设置与人才培养存在的突出问题。另一方面，现代农业突破了传统经济学中第一产业的概念，更多体现为第一、第二、第三产业融合发展的特征，并推动着各国农业教育内涵不断拓宽。以食品科学领域为例，食品科学从最初关注食品原料及其加工，从解决人类吃得饱的问题不断向如何解决人类吃得好、吃得健康问题转变，食品学科也随之向营养科学、人类健康等领域拓展，成为世界知名涉农高校农业科学的核心领域之一，而相关领域人才培养也逐渐转变为围绕食品产业链布局。加快跨学科专业建设既是大学适应农业发展需求的重要手段，也是新农科的应有之义。

二、跨学科专业建设的机制探索

跨学科专业作为培养跨学科人才的一种重要手段，其实质是打破单一学科的知识框架，对两个或多个学科专业培养要素进行有效整合，使学生掌握跨学科知识与能力，形成解决复杂问题的综合能力。跨学科专业建设是一个涉及办学理念、组织机制、运行机制等一系列要素的系统工程。但由于高校"学院—系—专业"等一系列根深蒂固的制度安排，大学跨学科专业建设面临知识和组织层面的双重挑战，因此，对跨学科专业建设在知识与组织两个维度上的机制建设的考察显得至关重要。与此同时，跨学科专业课程设置，面临的主要矛盾不仅来自学科（Discipline）之间固有文化和科学知识的内在逻辑、相对独立的知识体系方面的冲突，也来自与作为本科人才培养基本组织单位的专业（Speciality）的要求的矛盾。[2] 大学并不天然具有创设和发展跨学科专业的动力，因此关注大学设立、推动跨学科专业建设的动力机制同样非常重要。为此，本研究将从动力机制、知识机制和组织机制3个方面对跨学科专业建设机制探索进行分析。

在案例的选择方面，本研究选取智慧农业专业作为研究案例，智慧农业专业是新

[1] 孙其信.加快布局新农科专业　培养农林紧缺人才［N］.光明日报，2022-10-11（13）.
[2] 吴凡，李曼丽.跨学科本科课程整合方法与机制——以美国三所研究型大学生物医学工程专业为例［J］.2022（6）：158-164.

农科建设启动以来农学门类设置数量最多的新农科跨学科专业，具有专业上的典型性和代表性，加之智慧林业、智慧牧业科学与工程、农林智能装备工程等"智慧+"专业的增设，对智慧农业专业建设机制的探索对于推动同类专业建设具有重要的实践价值。在院校方面，本研究选择华中农业大学（2020年）和浙江农林大学（2022年）两所院校作为案例，以呈现部属、省属农林院校近五年来推动跨学科专业建设的机制探索与经验。

在资料收集和分析方面，本研究分别收集了两所学校的官方资料，包括专业培养方案、招生简章等；访谈资料，访谈两校专业负责人、教务部门管理干部、任课教师、学生共计12人，访谈时长共计13小时，整理访谈文字23万余字（访谈对象基本信息如表Ⅱ–12所示）；二手研究资料，包括关于智慧农业专业建设的学术论文、相关新闻报道等。

表Ⅱ–12　访谈对象基本信息

序号	学校	性别	类型	专业技术职务	承担专业职责
C1	浙江农林大学	男	学生	—	学生
C2	浙江农林大学	男	教师	副教授	参与专业申报
C3	浙江农林大学	男	教师	副教授	专业负责人
C4	浙江农林大学	女	教师	教授	公共基础课教师
C5	浙江农林大学	女	教师	副教授	专业课教师
C6	浙江农林大学	男	教师	教授	原学校领导
C7	华中农业大学	女	学生	—	学生
C8	华中农业大学	男	学生	—	学生
C9	华中农业大学	男	学生	—	学生
C10	华中农业大学	男	教师	教授	专业负责人
C11	华中农业大学	男	教师	教授	院长
C12	华中农业大学	男	教师	教授	重点实验室主任

（一）跨学科专业建设动力机制

大学的专业设置受到大学内外部多种因素的影响，其动力源同样是多方面的。学科专业的设置和变迁不仅深受国内外政治经济态势、社会观念及国际关系的影响，还与产业结构及其对人才的需求紧密相连，是大学学科专业形成和变化的主要外在动力。[1]史塔克（Stark）等人通过研究提出了大学中专业层面改革的三种类型，分别是回应型、防御型和角色相关型，其中回应型改革是指组织认识到变化和改进的需要时所采取的改革；防御型改革是指组织意识到生存的威胁和风险时所采取的变革；而角色相关型改革则是由组织中关键人物，尤其是关键学术人物的到来和离开带来的变化。[2]在智慧农业专业设置中，两所案例高校都体现出回应型改革的突出特点，在其专业设立与建设的过程中，国家战略需要及相关政策牵引、大学关键人物（尤其是领导）的推动以及具有引领性地位大学的带动发挥着最突出的作用。

1. 国家战略需要及相关政策牵引

跨学科专业发展生成机制的一个显著体现是推动跨学科专业设置的国家政策与制度支持。[3]2019年，教育部印发《关于深化本科教育教学改革　全面提高人才培养质量的意见》（教高〔2019〕6号），提出"深化高校专业供给侧改革""以新工科、新医科、新农科、新文科建设引领带动高校专业结构调整优化和内涵提升"。新农科建设启动以来从"安吉共识"到"北京指南"均将学科专业布局调整作为核心任务之一，强调新农科学科专业建设中农工、农理、农医、农文融合。2021年4月，习近平总书记在考察清华大学时的讲话中明确指出"打破学科专业壁垒，对现有学科专业体系进行调整升级，瞄准科技前沿和关键领域，推进新工科、新医科、新农科、新文科建设，加快培养紧缺人才"。多项国家政策的出台为新农科专业建设指明了方向，也对新农科专业建设提出了明确的要求，对新农科专业设置和建设形成了有效牵引。

2019年，华中农业大学依托试验班启动智慧农业专业建设探索，2020年，该校成为首批国家批准设立智慧农业专业的院校之一。该专业的设立被认为是学校"主动服务国家新时代农业发展、生态文明建设、乡村振兴、绿色健康等战略需求"的重要举措。同时，该专业的设立体现了学校对教育部推动的新农科建设的重视，学校希望"以智慧农业专业建设引领新农科建设，实现农林教育转型发展。"[4]2022年，浙江农林大学获批新增智慧农业专业，在对该专业设置的说明中，学校提出"该专业以新农科建设理念为指导，为国家乡村振兴、生态文明和长三角区域经济发展服务"，并强

[1] 纪宝成.中国大学学科专业设置研究［M］.北京：中国人民大学出版社，2006：160.

[2] STARK J S, LOWTHER M A, SHARP S. et al. Program-level curriculum planning: an exploration of faculty perspectives on two different campuses［J］. Research in Higher Education, 1997（38）：113-114.

[3] 张晓报.跨学科专业发展的机制障碍与突破——中美比较视角［J］.高校教育管理，2020（2）：62-70.

[4] 陈志强，冯国林，李召虎.新农科建设背景下的智慧农业专业建设［J］.中国农业教育，2023（2）：8-13.

调"学校近年来坚持以融合促增长,打破学科边界,破除专业壁垒,加快传统农科专业转型升级;紧跟科技前沿动态,积极布局人工智能、智慧农业、大数据等新兴交叉学科,大力发展新兴农科专业。"

而在此之后,2023年2月,教育部等五部门印发《普通高等教育学科专业设置调整优化改革方案》,方案明确要求,到2025年,优化调整高校20%左右学科专业布点,新设一批适应新技术、新产业、新业态、新模式的学科专业,淘汰不适应经济社会发展的学科专业。进一步进行高校学科专业调整,而根据2024年教育部公布的普通高等学校涉农专业新增备案、审批专业结果,智慧农业专业当年新增更是达到了15个。

国家重大战略需要以及相关政策通过形成强迫性机制和社会规范机制对大学新专业建设形成自上而下的重要牵引,而大学正是在上述外部政策环境影响之下做出变革的,使内部结构与外部制度环境同型。

2. 大学内部需求以及关键人物推动

尽管有国家战略需要和教育政策等外部需求牵引,但如果大学内部缺乏动力或有效的动力传导机制,这些外部需求并不一定会转化为大学设置和发展跨学科专业的实际行动。在大学内部,由于学科专业的建设意味着学生规模、教学经费等资源性投入的增加,为了提升院系在整个学校资源分配中的比重,院系层面通常更热衷于增加学科专业设置。这一动力在以教学为主型大学中表现更为突出。

因此,办学规模等资源性要素是决定大学是否有动力设置新专业,尤其是跨学科专业的重要影响因素。更进一步,大学处于增量学术调整阶段或存量改革阶段也是重要的因素。对于处于存量改革阶段的高校而言,学校对学科专业的调整必须要审慎,如果增加新的学科专业,就必须剔除掉某些旧的学科专业,这是一种"替换"或者说"迭代"的发展逻辑。在我国高等教育走向内涵式发展、高质量发展的阶段,这种存量改革的模式更为普遍。在这种情况下,大学关键人物如领导的推动就成为新专业建设和发展不可忽视的动力之一。新专业的设置过程是曲折的,由于大学中学院结构过于分散,无法采用一套通用的、循序渐进的管理政策和程序。但大学中创新的组织氛围是渐进推动改革的重要因素,而创新的氛围始于领导。[1]从实地调研来看,智慧农业专业建设在两所高校都得益于学校层面的支持与推动。在华中农业大学,学校致力

---

[1] SEYMOUR DANIEL T. Developing academic programs: the climate for innovation [R/OL]. (1989-03-31) [2022-10-10]. ASHE-ERIC Higher Education Report. https://files.eric.ed.gov/fulltext/ED305015.pdf.

于将该专业建设成能推动新农科发展的示范学科、农业专业建设的示范专业。[1]"华中农业大学智慧农业专业不仅得到了学校内部的高度重视和支持，还受到了社会各界的广泛关注和认可。"这成为该校智慧农业专业建设重要且持续的推动力量。

3. 大学间的竞争和处于引领性地位大学的带动

最初，智慧农业是否应当作为一个专业进行建设在一定程度上是存在争议的。比较有代表性的观点认为智慧农业是农业发展的具体形态和阶段，因此不适宜作为一个学科或者专业的名称。且智慧农业牵涉到农业领域的方方面面，几乎覆盖所有涉农专业，作为单个专业进行建设既与传统涉农专业存在交叉，也将面临巨大的困难。但是，自2020年教育部批准设立智慧农业专业以来仅仅4年，设置智慧农业专业的高校增至52所，这一方面是高校响应国家政策通过供给侧结构性改革服务国家重大战略和产业发展需求，另一方面，这一快速增长的趋势本身体现了智慧农业专业作为新设专业的制度化进程。制度化不仅是政府自上而下推进和完善政策的过程，而且是制度逐渐被组织和个人接受并内化为广泛认可的实践与社会事实的渐进式演变。一个制度被"广为接受"、成为社会事实后就会转化为一种重要的制度力量，迫使其他组织采纳接受。[2]智慧农业专业快速发展并在高校间呈现新专业建设的趋同现象，除国家政策有效牵引外，一个重要的推动力源自大学间的竞争和处于引领性地位大学的带动。这恰恰体现了组织趋同中的模仿机制，按照制度理论，模仿的趋同机制包含竞争性模仿和制度性模仿两种，在智慧农业专业建设的进程中均有所体现。智慧农业专业在高校间获得日益广泛的认可，一个重要的推动力源自大学间的竞争和处于引领性地位大学的带动。

2019年，华中农业大学设立智慧农业专业人才培养的试验班，2020年，学校进一步进行探索，将专业内容从"智慧种植"拓展到"智慧养殖""智慧水产""智慧园艺""智慧育种"等多个方向，并随之对专业培养方案进行整体修订。2021年5月7日，华中农业大学牵头成立智慧农业人才培养创新联盟，并组织智慧农业专业人才培养研讨会和智慧农业产业产学研生态峰会，随后围绕智慧农业建设组织多次全国范围的研讨会，参与研讨的院校范围不断扩大，推动专业领域不断凝聚共识，促使智慧农业专业理念和运作机制从不稳定的探索阶段向普遍认可、成熟规范的稳定状态转变。这也体现了"大学的结构调整总是首先由处于领先地位的研究型大学带动，然后其他

[1] 陈志强，冯国林，李召虎. 新农科建设背景下的智慧农业专业建设［J］. 中国农业教育，2023（2）：8–13.

[2] 周雪光. 组织社会学十讲［M］. 北京：社会科学文献出版社，2003：93.

学校加以效仿"[1]的特点。

浙江农林大学智慧农业专业的设立主要源于学校层面的推动与院系发展的内在动力,但是也体现出作为农业院校竞争新农科建设引领性地位的动力。而在专业建设过程中,其他智慧农业专业建设院校,尤其是华中农业大学等高校的外部带动作用也是非常明显的。

除上述因素之外,智慧农业产业发展以及学生需求增长也是推动智慧农业专业建设的重要影响因素。从产业角度而言,智慧农业已然成为全球农业发展的大趋势,我国智慧农业发展起步较晚,发展势头强劲,据预测,到2030年,智慧农业产业或将达到2.5万亿元左右规模。[2]产业发展对高校人才培养提出巨大需求。而从学生实际需求角度来看,华中农业大学2019年设立"智慧农业张之洞班",试验班从校内采取二次遴选的方式进行招生,首年招收36人,400余人报名。而浙江农林大学首届智慧农业学生招生录取分均分达到596分,在全校涉农专业中排名第二。这体现出学生渴望通过跨学科学习提升综合素质和解决问题的能力的诉求。学生希望能够在专业课程中学习到最新的农业信息技术、农业装备以及智能化管理等知识,以便更好地适应未来智慧农业产业的发展需求,获得更好的就业机会和学业深造发展。这也符合新农科专业建设的整体指导思想。

(二)跨学科专业建设知识机制

按照教育部办公厅《新农科人才培养引导性专业指南》的规定,智慧农业专业面向农业农村现代化发展、乡村振兴战略实施,将互联网、物联网、大数据、云计算、人工智能等现代信息技术与农业深度融合,注重农业智慧生产、作物信息学、智能装备、农业产业链经营与管理等知识能力的训练,培养具有"三农"情怀、良好的理学基础和人文素养,能够将现代生物技术、信息技术、现代工程技术、现代农业管理知识与农学有机结合,能胜任现代农业及相关领域的教学科研、产业规划、经营管理、技术服务等工作的拔尖创新型、复合型人才。作为典型的跨学科专业,智慧农业专业所涉及的知识涵盖多个学科。王平祥等人通过对28所学校智慧农业专业人才

[1] BLAU P M. The organization of academic work. 2nd Ed [M]. New Brunswick: Transaction Publishers, 1994: 196.

[2] 王平祥,徐小霞,刘辉.智慧农业专业建设与创新发展路径 [J].黑龙江高教研究,2023(6): 156-160.

培养方案等资料的分析发现，智慧农业的支撑专业涵盖信息技术类（如计算机科学与技术、数据科学与大数据技术等）、工程技术类（农业智能装备工程、设施农业科学与工程）、生物技术类（生物技术、生物科学、生物信息学等）、农业技术及农林管理类（农业资源与环境、农林经济管理等），支撑度分别达到 36%、20.3%、28.8% 以及 14.9%。[1]这给智慧农业专业知识体系构建和课程建设带来巨大的挑战。

关于跨学科课程建设的不少研究都指出，当前大学课程设置中包含了大量的选修课，也提供了多种类型的项目实践机会，却没有足够的跨学科课程教学来指导和支持学生整合已有知识与习得整合的能力，而是将这项任务完全交给学生自己完成，降低了跨学科发生的可能性及其效能。[2,3]如何避免在跨学科专业建设中仅仅是将所涉学科课程进行简单"拼盘"或叠加，找到知识交叉融合的切入点和整合点，并进一步形成跨学科专业的核心知识体系，是跨学科专业建设中面临的主要知识挑战。

1. 课程知识体系的跨学科集成

单纯让学生在多学科环境中自由选修跨学科课程，并不能有效达成跨学科人才培养的目标。相反，可能因课程杂糅而导致知识碎片化，影响学生知识结构的逻辑性和批判性，进而阻碍其创新性思维的形成。[4]因此跨学科课程构建意味着不同学科背景的老师之间需要密切合作，对不同学科知识之间的张力进行调和，在教学目标和内容安排上达成共识。[5]但新设跨学科专业往往面临师资缺乏、专业教材供给不足、多学科领域知识难以平衡、学科前沿知识难以融入本科课程等问题。两所案例高校智慧农业专业最初采取的是由传统农学专业向外延伸的建设思路，即在传统农学专业基础上增设信息技术基础课程和反映智慧农业发展前沿的专业选修课，即用生物技术、信息科技和工程技术来改造和提升农科专业。一般由专业建设单位面向相关院系"订制"课程，且提供课程的院系学科跨度较大。

[1] 王平祥，徐小霞，刘辉.智慧农业专业建设与创新发展路径［J］.黑龙江高教研究，2023（6）：156-160.

[2] ASHBY I，EXTER M. Designing for interdisciplinarity in higher education：considerations for instructional designers［J］. Tech Trends，2019，63：202-208.

[3] 文雯，王嵩迪.知识视角下大学跨学科课程演进及其特点［J］.中国大学教学，2022（4）：75-82，96.

[4] 刘海涛.高等学校跨学科专业设置：逻辑、困境与对策［J］.江苏高教，2018（2）：6-11.

[5] 文雯，王嵩迪.知识视角下大学跨学科课程演进及其特点［J］.中国大学教学，2022（4）：75-82，96.

但是，这更像是一个跨学科专业的"集成"而非"整合"。除了知识欠缺整体性，容易给学生带来困惑，由于缺乏系统化课程知识设计而一味强调更高的理科基础或者更前沿的知识也容易导致学生学习出现困难。

这些由专业核心知识体系不清晰导致的多学科领域知识难以融合与平衡、学科前沿知识融入导致学生学习困难以及跨学科知识学习无法有效转化为学生跨学科能力等问题也成为推动专业知识体系不断优化调整的动力。

2. 以课程群、核心课程建设促进知识交叉融合

2021 年 7 月，智慧农业人才培养创新联盟组织第二次工作会议，会上对智慧农业专业核心课程设置进行了集中研讨，在一定程度上推动了智慧农业专业作为跨学科专业核心课程和知识体系的建设。2022 年，华中农业大学进一步通过课程群和核心课程建设对智慧农业专业课程体系进行改革。在新版培养方案中，智慧农业专业设置 11 个课程群，涉及 120 学分（不包含实践学分），在保证实践教学学分的同时降低了教学学分要求，体现了专业建设思路向"智慧+农业应用场景"的重要转变。这一人才培养方案被认为是打破拼盘式课程体系，真正通过学科融合的方式设立课程的模式。如图Ⅱ-5 所示，2022 年版培养方案中课程群的设计思路突破了传统课程模块的框架，更注重跨学科的融合和综合性知识。而"课程群 11"个性化课程模块的设置，为学生根据个人兴趣进行修读提供了更大的空间。

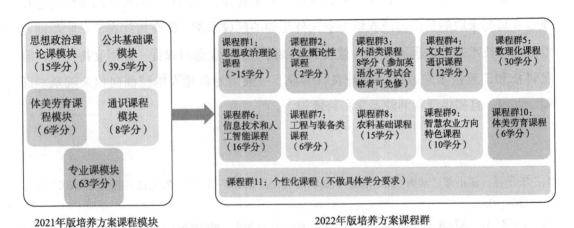

图Ⅱ-5　华中农业大学智慧农业专业 2021 年、2022 年版培养方案比较（不包含实践学分）

在核心课程的设置上，华中农业大学智慧农业专业构建了"8+1+1"的课程架构。8 门核心课主要是理论和技术体系课程，用于夯实学生学科基础，并为学生后续专业课程学习提供支撑。第一个"1"代表方向领域的深化，具体涵盖智慧农业生产学的

作物与动物两大方向。这一设置旨在引导学生深入探索智慧农业领域的不同分支，培养其在特定方向上的专业素养和实践能力。第二个"1"则聚焦于智慧农业专业所对应的六大业态，学校根据学科和产业之间的耦合，开设专门的方向性课程，使学生通过这一环节的学习，了解智慧农业产业的整体发展态势，掌握不同业态的关键技术。

通过上述基础课程、模块方向课程和产业方向课程的设置，支撑学生数理化基础、信息技术和人工智能以及通识素养几方面知识的学习，以平衡知识的广度和深度，兼顾学科前沿理论知识和产业需求知识。

（三）跨学科专业建设组织机制

要适应工业4.0时代的人才培养新模式，高等教育既要向外部开放，又要实现高校内部系科专业的开放、综合与融合。[1]这需要高校在现有院系结构基础上建立跨学科教学科研组织和有效的运作机制，推动高校内部院系之间制度化的协同与整合。从组织机制层面看，尽管跨学科专业得到了大学内外部的广泛关注与支持，但缺乏一套系统化且运行有效的组织机制。

1. 依托单一学院牵头建设跨学科专业

从两所案例高校智慧农业建设情况来看，智慧农业专业建设组织模式主要是由传统优势农科类学院作为牵头学院，专业建设由牵头学院负责实施，并由教务处承担学校层面自上而下进行协调整合的职责，学校领导层关键人物的推动对组织整合发挥重要作用，但整体而言专业建设组织方式沿袭传统单一线性垂直管理。

浙江农林大学智慧农业专业依托该校现代农学院设立，学院同时设有农学专业、植物保护专业等传统农学门类植物生产类专业，这也体现了依托传统优势农学院建设智慧农业专业的思路，因此智慧农业专业建设主要依托原有农学专业，其优势在于智慧农业专业可以充分利用现代农学院现有的教学条件，不仅可以提高资源的使用效率，还可以大大降低专业建设成本。但这种跨学科专业建设存在的内在问题就是，新专业建设依托学院缺乏相应的师资和教学资源，专业设立和申报往往通过整合相关学院师资的方式进行，在专业建设过程中面临师资和课程等资源的跨学科流动与整合困难，这是跨学科人才培养普遍面临的问题。

由于我国大学普遍实行的是"校院两级"管理模式，学院作为办学实体兼具行政组织和人才培养单位的双重特性，"单位制"特征非常明显，形成了教师队伍的单位

---

[1]　李立国.工业4.0时代的高等教育人才培养模式［J］.清华大学教育研究，2016，37（1）：6-15，38.

所有制、专业和课程教学资源的单位所有制，办学绩效的单位考核，院系单位之间的资源竞争和发展竞争。这种以"单位制"为基础的院系组织导致人才培养方案、课程教学资源、教学科研设施大多建立在分割的学科和分隔的院系组织基础上，使跨学科研究和课程综合化流于形式。[1]为此，大学的教务管理部门在跨院系协调整合中发挥着重要的角色。以课程授课教师的跨院系遴选为例，现代农学院作为智慧农业专业的主责单位通过教务处实现对跨学院资源的协调。具体来说，一般由专业确定培养方案提出相应课程建设需求，教务管理部门协调相关学院提供对应师资，校内无法开设的课程以专业聘请方式外聘教师开设相关课程。

但是，专业建设远远不止是排课和落实课程师资，跨学科专业的建设需要建立一套制度化运行机制或者组织予以保证，才能够切实实现对多个学科的有效整合。

2. 跨院系协调组织机制建设

从组织层面来看，由于学科与院系设置和资源配置之间具有较强的关联性，跨越学科边界、汇集多学科资源协同开展的跨学科教育活动与刚性的学科制度间存在着巨大的矛盾张力。[2]同时，跨学科团队成员可能持有不同的学术价值观和研究理念，导致在项目目标和期望上产生分歧，院系管理体制下协调存在困难。突破"学科—学院—学位"的对应关系，提高学科开放性，促进不同院系之间的横向整合不可能单纯依靠某个院系完成。而是需要构建跨学科平台，打破传统学科限制，依托项目卷入机制，实现研究与教育的双重功能。[3]在智慧农业专业建设中，迫切需要建立这样一种跨院系的教育组织平台，促进跨院系合作与共享。

2022年华中农业大学成立智慧农业书院，这也是学校推动书院制管理模式改革的试点。智慧农业专业人才培养管理工作由书院具体承担，依托植物科学技术学院、动物科学技术学院、动物医学院、水产学院、园林学院、信息学院、工学院、理学院和文法学院建设。在学校党委领导和本科生院指导下，书院的建设工作由植物科学技术学院牵头，联合其他相关学院共同建设。

为保障书院高质量运行，书院下设建设指导委员会、教育教学指导委员会及院务委员会等组织机构。建设指导委员会为书院建设提供组织支持，负责相关政策制定、

[1] 张应强，张洋磊. 从科技发展新趋势看培养大学生核心素养 [J].2017（12）：73-80.

[2] 王嵩迪，卢晓中. 高校研究生跨学科培养的内在逻辑与组织建构 [J].教育发展研究，2024（3）：19-27，37.

[3] 殷红春，闫小丽. 美国研究型大学跨学科研究平台的构建机制——基于项目导向型组织理论 [J].中国高校科技，2020（6）：49-53.

人员及资源组织协调等；教育教学指导委员会主要承担书院教育教学工作的学术及政策研究工作，同时负责指导培养过程、考核评价以及管理决策等重要事项；院务委员会在书院建设指导委员会和教育教学指导委员会的指导下，负责智慧农业书院建设、智慧农业专业人才培养日常工作。

学校希望通过书院这一组织架构在不改变大学现有组织结构的同时，优化对智慧农业专业建设所需资源的协调整合。这也体现了伯顿·R.克拉克所指出的，"高教系统的变化通常采用一种折中方式，即新的单位绕过旧的单位，而旧的单位依然生存"[1]的组织策略。以书院实施的导师制为例，书院实行全程导师制，为每名学生配备导师，学生在导师指导下依据教学计划，制订专属的个性化培养方案。学校认为，通过实施导师制，学生可以在导师指导下形成特色化的知识能力结构。但事实上，导师制在实际运行过程中由于缺乏制度性规定与激励性机制，难以发挥真正的作用。

3. 跨校多主体协同机制建设

2021年，华中农业大学牵头成立智慧农业人才培养创新联盟，该联盟先后围绕智慧农业专业建设组织智慧农业专业人才培养研讨会、智慧农业人才培养联盟工作会议、智慧农业专业建设研讨会等系列研讨会，围绕培养方案制定、教材建设、核心课程设置等专业建设中的核心问题进行专家研讨，参与高校覆盖近20所高校。2022年华中农业大学推出的"8+1+1"的核心课程架构正是基于全国范围内开设智慧农业专业的学校的深入研讨与达成的共识。而浙江农林大学作为后续设置智慧农业专业的高校，在一定程度上受益于这种跨校的协同机制。可以说，这种跨校协同机制成为了推动跨学科专业建设的重要动力和组织机制。

除了校际协同与共享机制建设外，两所高校均通过加强与企业、科研机构的合作，促进产学研一体化，为学生提供更多的实践机会和创新创业资源，推动科技成果的转化和应用。

三、跨学科专业建设机制创新

在新经济背景下，多学科交叉融合教育成为全球高等教育发展的必然趋势。鉴于科学研究在传统学科领域之间逐渐交叉渗透，以跨学科专业设置为切入点，促进学科

---

[1]　克拉克.高等教育系统——学术组织的跨国研究［M］.王承绪，徐辉，殷企平，等译.杭州：杭州大学出版社，1994：135.

之间深层次、多元化的交叉与融合，进而形成均衡发展且富有特色的跨学科体系，是21世纪世界高等教育改革发展的必然趋势，也是我国高校争创世界一流大学和一流学科的有效途径。[1] 在新农科建设背景下，跨学科专业建设呈快速发展的趋势，对两所高校智慧农业专业建设的分析既呈现了案例高校在跨学科专业建设方面的进展和机制探索，也揭示出跨学科专业建设仍面临知识和组织两方面的困境。新设跨学科专业的建设是一项需要持续推进的复杂、系统工程，需要在人才培养模式、组织机制建设等方面寻求突破，方能真正克服跨学科人才培养的迫切需要与传统学科专业制度之间巨大张力带来的挑战，凸显跨学科人才培养的优势。

（一）动力机制维度，强化专业动态调整、专业建设与质量监测机制建设

推动大学进行专业调整的动力是复杂和多元的，而以智慧农业专业为案例的分析揭示出，智慧农业专业在过去四年中的集中设置体现出迪马吉奥和鲍威尔提出的强制性机制（coercive）、模仿机制（mimetic）和社会规范机制（normative）的共同作用。[2] 首先，教育部等相关部委通过制定明确的政策法规，鼓励高校开设跨学科专业，明确跨学科专业的培养目标、课程设置、教学要求等，体现了国家政策的有效牵引。其次，大学间的竞争和处于引领性地位大学的带动形成了有效的竞争性模仿和制度性模仿机制，推动大学在专业设置上的组织趋同。最后，随着智慧农业专业的扩散和制度化，该专业被越来越多的大学接受和认可，以智慧农业专业建设推动新农科发展成为一种共享的观念并推动其进一步制度化。

组织受制度环境的影响，因此，推动跨学科专业的进一步制度化需首先强化政策层面专业动态调整、持续建设和监测机制建设。首先，逐步完善国家引导性学科专业指南动态发布机制，引导高校持续动态调整学科专业，完善有进有出、有增有减的专业动态调整机制。依托国家本科专业三级认证体系建设完善专业质量监测机制，推动高校提升专业建设水平。其次，充分发挥院校间竞争和引领性大学在推动学科专业调整中的积极作用，在虚拟教研室、系列"101计划"等相关国家项目中设置专项计划，支持国家急需紧缺领域和"四新"领域新专业建设，在跨学科专业建设中形成制度化跨院、跨校协同机制，推动跨学科专业知识体系整合并从制度层面推动跨学科专业教材、师资资源建设。最后，应进一步强化大学作为办学主体在跨学科专业建设中的治

---

[1] 刘海涛.高等学校跨学科专业设置：逻辑、困境与对策［J］.江苏高教，2018（2）：6-11.

[2] 周雪光.组织社会学十讲［M］.北京：社会科学文献出版社，2003：93.

理体系。完善促进跨学科研究与跨学科人才培养的资源配置、评价考核、教师聘任制度建设，为跨学科资源整合与共享扫清内部制度性障碍。

（二）知识机制维度，跳出传统"学科—知识—专业"进路重构人才培养体系

尽管两所案例高校均不断探索智慧农业专业课程体系和知识体系的构建，推动课程从跨学科集成走向课程整合，比如华中农业大学在 2022 年最新版培养方案中通过构建课程群和核心课程试图促进跨学科知识的交叉融合，以避免课程"拼盘""拼接"的问题，但部分学生知识学习仍然在一定程度上存在"宽而不深""跨而不融"等问题。一方面，这是本科层次教育长期以来定位不够清晰所带来的共同问题，就像调研中一位受访专家所提出的，"本科专业究竟是为学生的第一份工作服务，还是为学生的最后一份工作服务？"对此问的不同回答显然会导致不同的人才培养理念和课程知识结构，或者为了尽可能兼顾两端而在课程的深度与宽度、前沿与基础之间做出平衡和让步。而另一方面，这是跨专业知识整合中面临的必然问题。

现代大学在知识、学科、课程之间建立了紧密的联系，依托学科来组织知识、设置课程成为一种传统。当课程被确立为一种知识及其教学的形态并付诸实践时，往往是以科学逻辑组织的，因而被组织于课程之中的知识一般也是既定的、先验的和静态的。这也是大学课程长期被诟病的原因所在。[1] 但是在知识更新速度不断加快的背景下，传统以学科为中心的教育模式，无疑无法兼顾知识的系统性与动态发展。这一问题在前沿科技领域尤其突出，由于创新活动开展及创新性成果的取得具有不确定性，遵循传统的学科发展带动人才培养的路径容易导致人才培养的滞后。如何跳出固有的"知识—学科—专业"进路，重构大学人才培养的环节与结构，既是大学人才培养改革的核心问题，也是跨学科专业建设中知识机制建设的关键切入点。

跨学科专业建设应跳出"学科—知识—专业"进路，摒弃跨学科课程"集成""拼盘"式建设思路，以问题和项目为导向和牵引推动知识体系构建。一方面，跨学科人才培养和相应知识体系构建应回归问题。跨学科的源头在于重大科学前沿问题跨学科的综合性特点，因此才导致现代科学研究需要跨学科间协作并不断交叉融合。发现问题是学术研究的起点，解决问题是学术研究的归宿，而研究就贯穿于从发现问题到解决问题的整个过程中。当这个过程所达到的结果能够构成新的知识增量，从而能够有

---

[1]　苟渊.知识·学科·课程——大学教学的组织与管理［M］.上海：华东师范大学出版社，2013：17.

效地纳入学科建构之中时，学科建设才能切实推进。[1]另一方面，改变过于强调知识系统性和完整性的育人理念，探索以项目为导向构建知识和课程体系，根据学科和产业之间的耦合性通过引入科研项目促进学生在精深研究方向的学习，从而实现科研创新、知识生产与人才培养的紧密互动，并在此过程中推动跨学科专业知识体系的构建与动态更新。

（三）组织机制维度，推动跨学科领域教育、科技、人才一体化发展

伯顿·R.克拉克在描述高等教育领域的"科研漂移"现象时曾非常形象地指出，"永不静止的科研，朝着很多方向走出传统的大学环境，建立新的前哨基地，它们的成员以全部时间勘探知识前线的各等黄金。教学和学习落在后面，被固定在古老的驻地，在那里，探索的果实最终被巩固成适合于系统传递和全部消化的形式。"[2]科研与教学相分离是研究型大学普遍存在的问题，而在跨学科领域这一问题无疑更加突出。邬大光教授在对中国大学教学改革的分析中尖锐地提出，在中国，仍然有相当一部分教师从进入大学起，就被绑在某门课程上，被绑在某个专业上，被绑在某个学科上。当一名大学教师被这样过分"专业化"后，这所学校的跨学科水平、这个学科的跨学科水平、这个专业的跨学科水平，包括这名教师的跨学科水平，一定是低的，无法保证通识教育的高水平开展，更遑论培养出来的人才如何具有跨学科的知识结构。[3]即使到今天，这一情况在高校中仍非常普遍，这就决定了跨学科专业建设中"集成""拼盘"式的专业和课程建设方式无法培养出真正的跨学科人才。

在两个智慧农业专业建设的案例中，两所高校从最初依托单一学院牵头建设跨学科专业，由大学教学管理部门承担整合责任，到探索通过书院建设建立跨院校协调组织机制，并推动跨校多主体协同机制建设，不断推动跨学科专业建设组织机制探索。但是，以智慧农业专业为代表的跨学科专业建设不单单是人才培养的问题，也是大学对教育、科技、人才一体化建设机制的探索。首先，从组织结构来看，跨学科专业建设既要嵌入大学传统学科专业框架，又必须通过组织机制建设突破管理上的路径依赖和惯性，其关键在于跨学科研究与跨学科人才培养的一体化推动。在本研究的案例

[1] 杨学功.问题研究与学科建设［J］.学术研究，2004（9）：5-10.

[2] 克拉克.探究的场所——现代大学的科研和研究生教育［M］.王承绪，译.杭州：浙江教育出版社，2001：223.

[3] 邬大光.大学人才培养须走出自己的路［N/OL］.（2018-06-19）［2024-03-30］.

中，书院制改革从组织机制层面推动跨院系整合，书院的设置将跨学科专业建设所涉及的单位及其负责人均纳入该组织框架，但书院的组织架构与学校整体组织结构相分离，与学校交叉学科研究组织相分离，虽然在封闭的学院间搭建了协同的框架，避免了由智慧农业专业建设带来的组织机制调整对大学内部结构的影响，但也大大减弱了这一举措的整合效力和变革色彩。大学需要充分发挥跨学科组织，如交叉学科研究院等组织机构的作用，推动跨学科专业组织机制从学院联合式走向由跨学科组织主导和牵引模式，依托跨学科组织人才聚集和科研的发展带动跨学科专业建设与人才培养。其次，在基础庞大的知识机构中，基层的创新就是变化的核心。[1]组织机制的探索与创新是大学校内动力机制和知识机制建设的基础，是跨学科专业建设的重中之重。跳出"学科—知识—专业"进路，以问题和项目为导向和牵引推动知识体系和课程体系重构，需要由高校、科研机构和企业共同构建"产学研创新－知识共同体"，建立知识体系动态更新的协同组织和机制，创设解决跨学科研究和实践问题的应用场景，在创新、产业发展和人才培养的紧密互动中推动专业建设。

[1]　CLARK B R. The Higher Education System［M］. Berkeley：University of California Press，1983：234-235.

Ⅲ 国际视野

国际著名院校农学相近专业
人才培养方案的比较研究

毛芬　赵悦　张文渊　赵鑫　张海林

（中国农业大学）

自 2019 年新农科建设工作正式启动以来，涉农高校已在"专业优化改革攻坚实践"和"新型农林人才培养改革实践"领域开展了许多探索。[1,2]农学专业作为涉农高校的优势专业，是新农业科技革命的先锋专业，[3]应紧跟国家战略发展需要，服务于农业农村现代化发展进程，在深化本科教育教学改革和全面推动新型农林人才培养质量提升的过程中，积极探索，自我革新，为解决"三农"问题、推进乡村振兴、确保国家粮食安全输送更多知农爱农的新型人才。

人才培养方案是本科教育的基石，也是教学运行的依据，还是提升教学质量的前提。[4]人才培养方案直接影响和制约高等院校的专业建设和人才培养水平。[5]因此，人才培养方案修订是高等院校专业建设与人才培养的起点与核心，也是对新时代高校"培养什么人、怎样培养人、为谁培养人"的直接回答。人才培养目标的科学性与合理性直接关系到人才培养质量，[4]在人才培养方案修订过程中占据主导地位；[6]课程设置是实现人才培养目标的关键途径，在人才培养方案修订过程中属于难点问题。[6]

[1] 张影."新农科"建设背景下地方农业高校实践教学改革初探［J］.科技资讯，2020，18（24）：181–183.

[2] 王帅，陈少鹏，杨祥波，等.一流专业背景下农学专业建设路径探索与实践［J］.黑龙江农业科学，2023（10）：92–95.

[3] 张海林.农学：新农业科技革命的先锋专业［N］.光明日报，2021–06–08（13）.

[4] 袁靖宇.高校人才培养方案修订的若干问题［J］.中国高教研究，2019（2）：6–9.

[5] 郑继兵，王绍峰.从人才培养方案透视高校专业建设的困境及出路［J］.江苏高教，2013（1）：45–47.

[6] 杨彦勤，李宗利.高校本科人才培养方案修订工作的思考［J］.黑龙江教育（高教研究与评估），2014（10）：54–56.

本文以中国农业大学、康奈尔大学、瓦赫宁根大学、苏黎世联邦理工学院等国际著名院校农学相近专业的人才培养方案为研究对象，拟对人才培养方案修订工作中的重难点问题进行深入讨论，总结四所大学农学专业人才培养目标的特点，从通识教育和专业教育两方面对人才培养方案中的课程设置体系进行深入剖析，详细对比各个实践教学体系的结构和所占人才培养方案的比重，旨在指导专业建设，积极开展自我革新，不断提升人才培养质量，同时也为我国高等农业院校农学专业人才培养方案的修订工作提供参考与借鉴。

一、专业培养目标

四所院校五个相近专业的培养目标如表Ⅲ–1所示。与其他三所国际院校相应专

表Ⅲ–1   四所院校五个相近专业的培养目标

学校	专业	培养目标
中国农业大学	农学	以国家农业和作物学科发展对人才的需求为导向，以学生自主学习能力和综合素质培养为中心，以实践和创新能力培养为突破口，培养德智体美全面发展，具有深厚的人文底蕴与自然科学基础、扎实的农学专业知识和实践能力，能够将现代生物技术、信息技术与传统农业科学相结合，满足农业现代化需求，成为现代农业及相关领域富有创新精神和国际视野的领军人才
瓦赫宁根大学	植物科学	聚焦健康食品和可持续生物资源的生产、全球粮食安全，以及开发智能解决方案减弱气候变化对农作物生产产生的影响等问题，培养有能力利用植物生物技术和探索植物可持续生产的专业学术人员，解决社会中与植物科学领域有关的复杂问题
苏黎世联邦理工学院	农业科学	聚焦如何在不破坏土壤、水和空气资源的情况下可持续地养活不断增长的世界人口，以及生产食物的原材料及其加工质量如何不断适应市场需求这两个问题，培养能够在全球粮食系统中作出贡献的人才
康奈尔大学	植物科学	聚焦植物科学专业许多具有挑战性的问题，如为不断增长的世界人口生产足够的粮食、培育可以耐受因气候变化引起的热和干旱胁迫的植物、为生产健康营养的食物发展可持续种植方法、研究抵抗植物病害的新方法、为更好地支持人类居住恢复受损的生态系统、通过在花园和树木园中收集植物为后代保护植物物种等，培养能够推动领域发生变革的人才
康奈尔大学	农业科学	专注动物科学、商业管理和政策、教育与社会、有机农业和可持续种植系统管理领域，培养未来农业领导者

业的培养目标相比，中国农业大学农学专业的培养目标具有以下几个特点：（1）更注重人的全面发展，具体表现为不仅强调本科生需要德智体美全面发展，还应具备深厚人文底蕴；（2）强调夯实基础的重要性，具体表现为在要求专业知识扎实的同时，也要掌握基础自然科学；（3）强调实践能力、创新精神和国际视野的培养；（4）传承和与时俱进并重，具体表现在要求将现代生物技术、信息技术与传统农业科学相结合；（5）人才培养强调迎合就业需求，具体表现在强调人才应满足农业现代化发展需求；（6）缺少科学问题导向，瓦赫宁根大学植物科学专业、苏黎世联邦理工学院农业科学专业和康奈尔大学植物科学专业的培养目标都描绘了其关注的具体科学问题，以这些科学问题为导向，去培养能解决问题的人，培养目标相对更具体；（7）更关注国内农业行业发展需求，国际行业发展观相对较弱，中国农业大学农学专业人才培养目标分别提到"农业现代化"和"现代农业"，这与我国农业行业的发展国情相符，但相较而言，另外三所院校相关专业的培养目标中提到的是"植物科学领域""全球粮食系统""未来农业"等，它们更关注国际层面整个农业行业面临的问题。

二、专业课程体系设置

中国农业大学农学专业课程体系设置如表Ⅲ-2所示；瓦赫宁根大学植物科学专业课程体系设置如表Ⅲ-3所示；苏黎世联邦理工学院农业科学专业课程体系设置如表Ⅲ-4所示；康奈尔大学植物科学专业和农业科学专业均隶属于农业与生命科学学院，它们不仅拥有相同的学院课程体系设置要求（见表Ⅲ-5），也拥有具有专业特色的课程体系设置，前者如表Ⅲ-6所示，后者如表Ⅲ-7所示。

表Ⅲ-2　中国农业大学农学专业课程体系设置

课程或教育类别	修读要求
通识教育	75学分
专业教育	学科大类、专业基础课：40学分 专业必修课：≥15.5学分 专业选修课：10学分 实践教学：14.5学分
课外教育	创新创业：2学分 思想政治教育社会实践：2学分

表Ⅲ-3　瓦赫宁根大学植物科学专业课程体系设置

课程或教育类别	修读要求
公共课程	公共必修课：105 学分 限制选修课：3 学分 学位论文：18 学分
专业必修课程组	植物基因组学与健康专业方向课程组（24 学分）、栽培与生态学专业方向课程组（24 学分），两个课程组二选一
选修课程	根据个人兴趣自由选择 30 学分

表Ⅲ-4　苏黎世联邦理工学院农业科学专业课程体系设置

课程或教育类别	修读要求
基础课程Ⅰ	57 学分
基础课程Ⅱ	27 学分
农业课程	农业基础课程：6 学分 农业专业领域课程：植物科学课程 19 学分、动物科学课程 15 学分、农业经济学课程 15 学分
短途学术旅行	3 学分
方法学课程	8 学分
选修课程	根据个人兴趣选择苏黎世联邦理工学院和苏黎世大学的课程修读：6 学分
农业实习	10 学分
学位论文	14 学分

表Ⅲ-5　康奈尔大学农业与生命科学学院的课程体系设置要求

课程或教育类别	修读要求
体育	完成 2 门 1 学分的体育课程和游泳测试
物理、化学、生物	至少从三个学科中获得 18 学分，其中 6 学分必须从生命科学和生物学课程中获得，3 学分必须从化学或物理课程中获得
人文与社会科学	≥12 学分
书面和口头表达	9 学分，其中书写≥6 学分
特殊学习	15 学分，如自主学习、研究性学习、助教或实习
其他	至少 55 学分从农业与生命科学学院获得 至少 100 学分从以字母等级评分的课程中获得 必须选修微积分或统计学等与数学相关的课程

表Ⅲ-6　康奈尔大学植物科学专业的特色课程体系设置

课程或教育类别	修读要求
入门课程（生物、化学、统计学）	≥14学分
初级核心课程	14学分
基础课程	至少选修4门课程，13学分
专修课程	从有机农业、植物育种与遗传学、植物计算生物学、植物进化和多样性集中、植物分子、细胞和发育生物学、植物病理学和植物微生物学、植物与人类健康、公共花园管理、土壤科学、可持续植物生产中选择1个专修方向，共修读10学分
拓展课程	≥3学分
专业经验学习课程	1学分
启动/结束课程	6学分

表Ⅲ-7　康奈尔大学农业科学专业的特色课程体系设置

课程或教育类别	修读要求
生命科学基础课程（生物、化学、数学）	生命科学类课程（选修2门，至少6学分） 实验室通用化学类课程（选修1门） 统计学类课程（选修1门）
专业基础课程	必修6门 选修6门（从动物科学、交流或教育、食品科学、遗传学、国际农业、商务管理介绍共六个领域的课程组中分别选修1门）
专修课	从动物科学、业务管理和政策、教育与社会学、有机农业和可持续种植系统管理中选择一个方向，至少修读4门课，获得12学分
实习	至少6周

（一）通识教育课程比较

中国农业大学农学专业共计75学分的通识教育，由思想政治理论14学分、计算机至少6学分、军事理论与军训1学分、体育4学分、大学外语8学分、数理化30学分、核心素质选修课至少6学分和普通素质选修课至少6学分组成。

与另外3所国际院校四个相似专业的培养方案相比，思想政治理论、计算机、军事理论与军训为中国农业大学农学专业特有的培养环节。体育课程在瓦赫宁根大学植物科学专业和苏黎世联邦理工学院农业科学专业的培养环节中均未设置，在康奈尔大学植物科学专业和农业科学专业的培养环节中有设置，此外游泳测试为康奈尔大学植物科学专业和农业科学专业特有的培养环节，国家要求的体育达标测试为中国农业大学农学专业特有的培养环节。

中国农业大学农学专业修读的大学外语是英语，要求本科生从读写、听说、人文素养和翻译四门课程中选择一门以上修读，共修读 8 学分；瓦赫宁根大学植物科学专业的教学语言为荷兰语和英语，没有要求本科生必须修读大学外语，但是要求毕业时能够用荷兰语和英语进行书面表达和口头交流；苏黎世联邦理工学院农业科学专业没有对外语提出修读要求；康奈尔大学植物科学专业和农业科学专业修读的语言课程为英语，要求本科生从 6 门读写、14 门听说、17 门人文素养、3 门翻译课程中选择修读 9 学分，其中书面表述至少 6 学分。

在数理化方面，中国农业大学农学专业和苏黎世联邦理工学院农业科学专业的要求相对较高，它们都设立了数学、物理和化学 3 个学科的必修课，前者设立了 11 门课共计 30 学分，后者设立了 8 门课共计 39 学分；瓦赫宁根大学植物科学专业对数理化的要求强度次之，要求本科生完成数学相关的 2~3 门课共计 6~9 学分，对物理和化学并无要求；康奈尔大学植物科学专业和农业科学专业对数理化的要求相对较低，仅要求本科生从化学课程组中选择修读 3 学分的课程，另外再选择 1 门数学修读。

另外，中国农业大学的核心素质教育课程和普通素质教育课程为校内近 20 个学院和部门开设的公共选修课程，涉及动物学、工学、理学、经济学、政治学、生物学、人文与社会科学、食品科学、园艺学等多个学科，共计 204 门课程，旨在提升学生的整体文化素质，农学专业本科生按照培养方案的要求需要在此模块共选修 12 学分，其中必须包括"农业法律与政策"课程；康奈尔大学植物科学专业和农业科学专业仅要求本科生必须从人文与社会科学领域的课程组中选修 12 学分；而瓦赫宁根大学植物科学专业和苏黎世联邦理工学院农业科学专业则没有在这方面设立强制的培养要求，但均可在校内的课程中任意选修，前者要求选修 30 学分，后者要求 6 学分。

（二）专业教育课程比较

中国农业大学农学专业的专业教育共计 80 学分，其中专业实习和学位论文是四所院校共有的培养环节。此外，除了可以选修的跨专业课程、双学位课程和研究生课程以外，主要设置了必修和选修共 75 门课程，其中有 58 门课程与其他院校的专业教育课程存在相似性，分别属于生物学、植物学、植物保护学、土壤学、遗传学、生态学、方法学、作物生产、农业机械、植物育种、生物信息学、生物进化、专业指引、世界农业与粮食安全、智慧农业等领域。与其他院校的专业教育课程相比，中国农业大学农学专业共有 17 门课程是特有的，分别属于种子学、气象学、农业产业发展、生物质、作物化学控制、食品科学、特用作物、专业英语等领域。同时，为了学习国际先进农学相近专业的培养方案，本文也将中国农业大学农学专业没有设置，而另外 3 所国际院校设置了的专业教育课程进行了总结，分别属于安全教育、植物繁殖、植物与环境相互作用、植物对健康的作用、有害生物治理、生态学与生态系统、园艺学、商业经济与管理类、动物科学、藻类与真菌、植物环境、草原系统等领域，此外还有"专业学习经验的思考""植物科学的高级档案""植物科学高级研讨会"和专业旅行。

对专业核心课程进行单独比较发现，植物育种学、耕作学和作物生产领域课程为中国农业大学农学专业特有，"植物与健康"为瓦赫宁根大学植物科学专业特有（见表Ⅲ-8）。两所学校均在生物学、土壤学、植物学、生态学、遗传学、生物信息学和方法学领域设置了专业核心课程。不同的是，中国农业大学农学专业是在土壤学和植物学领域分别设置了课程，而瓦赫宁根大学植物科学专业则是将土壤学和植物学领域进行融合，仅设置了一门课程，即"土壤与植物的关系"。后者的"植物与健康"课程也体现了学科融合。

表Ⅲ-8　两所学校专业核心课程涉及的知识领域和学分合计

	中国农业大学农学专业	瓦赫宁根大学植物科学专业
知识领域	生物学、土壤学、植物学、生态学、遗传学、生物信息学、方法学、植物育种学、耕作学、作物生产	生物学、土壤学、植物学、生态学、遗传学、生物信息学、方法学、植物与健康
学分合计	38 学分	24 学分

经总结比较可以发现，中国农业大学农学专业设置的必修课程总学分占培养方案总学分的比例与瓦赫宁根大学植物科学专业、苏黎世联邦理工大学农业科学专业相近，为 60% ~ 70%（见表Ⅲ-9）。相应地，它们留给本科生的选修空间就变小了。康奈尔大学的两个专业选修课都占了很大的比例，约占总学分的 80%。然而并不是自由选修，而是根据专业需求为学生提供与专业相关的课程选修范围，相当于为学生提供了专业选修建议，这样的课程设置有利于培养学生的交叉学科素养。而中国农业大学农学专业的选修课程暂无选修建议，而是在一个非常广泛的范围里，由学生自由选择。

此外，中国农业大学农学专业设置的必修课程最多，平均每门必修课程的学分却最低，仅为 1.87（见表Ⅲ-9），接近其他三所院校四个相似专业必修课程学分平均值的 1/2。这个现象在专业核心课程的设置中也有体现，中国农业大学农学专业的专业核心课程有 17 门，共计 38 学分（见表Ⅲ-8），平均每门 2.24 学分；而瓦赫宁根大学植物科学专业的专业核心课程仅有 4 门，共计 24 学分（见表Ⅲ-8），平均每门 6 学分。相应地，后者的平均学时为 168 学时，而前者的平均学时仅为 42.35 学时。中国农业大学农学专业这样的课程设置，虽然会为本科生提供更多扩充专业知识的平台，但也存在导致所学知识广而不精的可能。

表Ⅲ-9 四所院校五个相似专业的必修课程设置比较

院校与专业	必修课程数	必修课程总学分	平均每门必修课程的学分	必修课程总学分占培养方案总学分的比例
中国农业大学农学专业	52	103	1.87	64.78%
瓦赫宁根大学植物科学专业	31	132	4.26	73.33%
苏黎世联邦理工学院农业科学专业	45	124	2.76	68.89%
康奈尔大学农业科学专业	6	20	3.33	16.67%
康奈尔大学植物科学专业	9	23	2.56	19.17%

三、专业实践教学

根据实践教学在总培养环节中所占的比重大小，可将四所院校五个相似专业的实践教学强度从大到小依次排列：苏黎世联邦理工学院农业科学专业、康奈尔大学农业科学专业、康奈尔大学植物科学专业、瓦赫宁根大学植物科学专业、中国农业大学农学专业。

其中，苏黎世联邦理工学院农业科学专业的实践教学既包含农业实习 10 学分，也包含学位论文 14 学分，还有 3 学分的短途学术旅行环节，共计 27 学分，占培养环节总学分的 15%。康奈尔大学植物科学专业和农业科学专业设置的实践培养环节为自主学习、研究性学习、助教或实习，共选修 15 学分，占培养环节总学分的 12.5%，此外农业科学专业还设置了 8 个可以选修的学术旅行环节。瓦赫宁根大学植物科学专业仅有 18 学分的学位论文这一项实践教学，总培养环节占学分的 10%。而中国农业大学农学专业的实践教学由四门实践课程 5.5 学分、两项专业实习 4 学分和专业学位论文 5 学分组成，共计 14.5 学分，占培养环节总学分的 9.12%。与之相比，国际另外三所院校的实践培养环节都不包含实验实践类课程。如果中国农业大学农学专业也不将实验实践类课程作为实践教学的一环，那么实践教学占培养环节总学分的比例将减少为 5.7%，仅为另外 3 所院校平均实践教学强度的 1/2。由此可见，中国农业大学农学专业的实践教学相对薄弱，仍有较大的加强空间。

四、人才培养方案比较与启示

（一）优化培养目标

中国农业大学拥有较强的基础科研实力，农学专业作为学校的重点学科之一，应积极响应新农科建设的号召，及时优化培养目标。现阶段，中国农业大学农学专业的培养目标体现出了要求本科生具有全面的综合素质、迎合就业需求、更关注国内农业发展、未以科学问题为导向的特点。然而，对本科生具有全面综合素质的要求容易导致人才培养出现同质化，减弱农学专业的特色。[1] 因此，中国农业大学农学专业在要求本科生具备全面综合素质的同时，应注重科教融合，突出农业特色，侧重于培养高层次创新人才；在以就业需求为导向的同时，明确所培养毕业生未来的职业定位，明晰其职业画像，提高行业竞争力；在关注我国现代化农业发展基本国情的同时，拓展国际视野，树立培养国际农业人才的战略目标，培养能够解决全球农业发展难题的人才，提升农学专业人才的国际竞争力。

（二）完善课程体系

课程是人才培养方案的主要载体，高等院校的课程建设水平直接影响人才培养质量。经比较研究发现，中国农业大学农学专业通识教育中的体育、大学外语和数理化的设置与其他 3 所国际院校的相似专业比较接近，而思想政治与理论、军事理论与军训和我国国情相符，暂时均无须调整。专业教育中，有 58 门课程或培养环节与其他 3 所国际院校的专业教育课程相似，另有 17 门课程是其特有的，也有一些课程是其暂未设立，而另外 3 所国际院校相近专业已经设立的。此外，中国农业大学农学专业的课程设置体系具有必修课程与核心课程较多，但平均每门必修课程和核心课程的学

---

[1] 侯琳，肖湘平，江珩．传统农学专业人才培养的演变、特征与启示——以华中农业大学农学专业为例 [J]．黑龙江高教研究，2021，39（8）：131–139.

分较低；选修课程较多，学生完全自由选修的特点。因此，可以从以下两个方面着手完善课程体系：首先，在通识教育方面，对 204 门核心素质教育课程和普通素质教育课程进行分类，如农工、农经、农理等交叉学科课程，根据专业需求，划定建议选修的范围，引导本科生扩充交叉学科知识，提升农学专业本科生的综合素养；其次，在专业教育方面，依据本专业建设特点，调查回访毕业校友在工作中遇到的知识与技能需求，适当提升与其他三所国际院校四个相近专业相似的 58 课程或培养环节的教学强度，考虑增设其他 3 所国际院校相近专业共同设立的课程（见表Ⅲ-8），同时减少仅有中国农业大学农学专业设立的 17 门课程，如食品科学领域、生物质领域和作物化控领域课程等，且需精简必修课程和专业核心课程数目，将同质化程度高的课程合并，提高单门必修课程，尤其是专业核心课程的学分比重，促进本科生深耕其专业领域，此外，还应积极搭建多学科融合的课程平台，如瓦赫宁根大学"土壤与植物的关系"这门课程，促进不同学科知识融会贯通，为培养学生的交叉学科素养提供有利条件，不断提升农学专业课程体系设置的科学性与合理性，提高人才培养质量。

（三）强化实践教学

农学专业是实践性非常强的专业，因此实践教学环节至关重要。与另外三所国际院校的相应专业相比，只有中国农业大学农学专业将实验实践类课程作为了实践教学的一环，即便如此，中国农业大学农学专业的实践教学在整个培养方案中所占的比重仍然是最低的。苏黎世联邦理工学院农业科学专业和康奈尔大学农业科学专业均设有短途学术旅行环节。康奈尔大学植物科学专业和农业科学专业实践教学环节的选择自由度更高，共设立了 4~5 项实践项目，学生根据兴趣选择完成相应的学分要求即可，其中自主学习和助教是特色实践环节。鉴于此，中国农业大学农学专业在结合自身情况的前提下，首先，应积极开展实验实践类课程改革，减少单一化、验证性实验的占比，提升综合性和创新性实验项目的占比，促进不同专业背景的学生展开交流与合作，在实践中引导学生形成正确的思维方式，采用多元化评价方式鼓励创新训练，推进多学科融合，培养具有交叉学科知识与创新能力的农业人才；其次，应适当提高实践教学在整个培养方案中所占的比例，尤其是学位论文的学分比例，从源头引起学生对实践教学的重视，加强对探索性学习能力的训练，培养具有实践能力与探索精神的农业人才；再次，应适当增加不同类型的实践项目，如学术旅行或助教等，提高学生选择实践活动的自由度，满足学生不同职业定位的实践需求，促进学生个性化发展；最后，应积极搭建校企深度合作与国际交流平台，将参观式实习改为全职实习，促进学生全方位了解农企的发展状态与经营模式，为本科生增加出国交流与学习的机会，如国际企业参观或学术旅行等，培养学生的国际交流能力与国际视野。

五、结语

我国正处于农业现代化发展的关键阶段，[1]乡村振兴战略也在全面推进，农业人才需求已随之发生变化。与此同时，教育部要求高校对标国家战略和经济社会发展需求，组织实施了"双万计划"和新农科建设，不断深化教学改革，大力推进一流专业建设。涉农高校作为新型农业人才的供给侧，应尽快适应新时代对农业人才需求的多样化，汲取国际著名院校相似专业培养方案的优点，及时更新旧版人才培养方案：一是依据自身特色，优化培养目标；二是要注重多学科交叉，构建科学合理的课程体系；三是要创新产教融合，强化实践教学。通过修订人才培养方案，加快农学专业调整与优化，构建具有中国特色且与我国农业现代化协同发展的人才培养体系，培养出立足于我国农业发展国情、专注于解决农业科学问题、具有国际视野的新型农业人才。

---

[1]　张克克.新发展阶段我国农业现代化发展水平测度与区域差异分析［J］.中国物价，2023（10）：33–37.

世界一流高校农业工程专业课程体系研究

朱菲菲

（中国农业大学）

一、研究背景

新一轮科技和产业革命带动了农业领域的巨大变革。一方面，世界农业依然面临诸多挑战，粮食安全问题将持续存在，农业资源受到限制，生态环境面临威胁，现代农业发展处在科技化、高效化、绿色化、可持续发展转型的关键时期。另一方面，以基因技术、量子信息技术、新材料新能源技术、虚拟现实等为代表的第四次产业技术革命已然来临，在推动了工业革命的同时，也推动了农业领域全方位革新。乌尔里希·森德勒在《工业4.0：即将来袭的第四次工业革命》中指出，技术创新带来的革命性变化不仅仅发生在工业领域，农业、服务业也都发生了革命性的变革。[1]互联网技术、云计算、大数据、信息技术和智能装备衍生出了农业物联网技术，生物技术如基因编辑、合成生物，农业工程技术如无人机技术、智能灌溉等，农业智能化等成为现代农业发展的新趋势，也是未来农业发展的重要特征。

农业工程专业伴随着全球农业农村现代化的演变过程而发展，并且在推动全球农业生产方式转变、保障粮食安全和改善生态环境中扮演着重要角色。在我国实现农业现代化的进程中，农业工程是重要的技术支撑和保障，农业工程技术的进步与农业现代化发展的相关度越来越高。[2]随着第四科技革命的到来，农业工程学科的信息化、智能化、数字化、多元化的特征越来越明显。作为服务于现代农业发展的学科，农业

[1] 森德勒.工业4.0：即将来袭的第四次工业革命［M］.邓敏，李现民，译.北京：机械工业出版社，2014.

[2] 齐飞，朱明，周新群，等.农业工程与中国农业现代化相互关系分析［J］.农业工程学报，2015，31（1）：1-10.

工程必须积极应对新一轮技术革命带来的新挑战，通过科技创新，彻底改变农业传统生产方式，占领未来农业发展的制高点，这必然对农业工程专业的人才培养质量提出了更高要求。在此背景下，我国先后于 2017 年和 2018 年提出了新工科和新农科建设任务，以提升我国高等教育主动应对新一轮科技革命与产业变革的主动性，以及服务国家重大战略的能力。农业工程作为传统涉农学科中的老牌优势专业，是新工科和新农科的重要结合点，是传统农科专业改革的方向和创新趋势，其转型升级的经验将会引领涉农学科和高等农业教育在新一轮农业科技革命中作用的进一步发挥和效能的进一步提升。

世界高等教育发展的历史表明，世界一流大学都是在服务国家发展中成长起来的。2021 年 4 月 19 日，习近平总书记在清华大学发表讲话，指出"建设一流大学，关键是要不断提高人才培养质量"，2024 年初召开的全国教育工作会议强调"把全面提高人才自主培养质量、支撑高水平科技自立自强作为主攻方向"，这都对新时期我国高等教育的人才培养质量提出了更高要求，也为我国建设世界一流大学指引了方向。涉农高校担负着培养面向未来现代化农业和实现农业强国战略的核心人才的重要使命，在过去的五年当中，借助新农科这个重要的抓手，涉农高校不断推动改革创新，通过动态调整专业布局、改造升级传统专业等一系列工作推动涉农高校人才培养质量的提升。但是，从目前来看，涉农高校的人才培养依然落后于新产业、新业态的发展，难以走在科技发展的前沿，人才培养存在结构性过剩与新兴人才严重短缺的双重障碍，因此，从世界范围内探索高质量人才培养的经验具有重要的现实意义。课程设置是人才培养的实现路径和重要载体，直接决定着人才培养的质量和效果，本研究通过分析比较国内外一流涉农高校农业工程专业的人才培养方案和课程设置情况，探讨涉农高校高质量课程体系在人才培养改革中的重要意义，以期为高等农林教育的改革创新提供借鉴。

二、研究设计及方法

本研究选取中美 4 所世界一流高校的农业工程专业作为分析对象，分别是美国普渡大学、伊利诺伊大学厄巴纳—香槟分校，国内的浙江大学和中国农业大学。本次分析对象的选取主要考虑以下几点原因。

第一，美国是国际公认的工程教育大国和强国，其工程人才培养质量位居世界前列。[1] 农业工程类是工学门类下的一级学科，下设农业工程、农业机械化及其自动化、农业电气化、农业建筑环境与能源工程、农业水利工程、土地整治工程六个专业，主要从物理工程角度为农业发展提供帮助。从国内外农业工程本科专业的布点情况来看，根据2023年U.S.News最佳本科生物／农业工程专业排行榜，加利福尼亚大学戴维斯分校、普渡大学、伊利诺伊大学厄巴纳—香槟分校、得克萨斯农工大学、爱荷华州立大学位列前五。从国内来看，截至2023年底我国开设农业工程本科专业的共6所高校 [2]，其中"双一流"高校两所，分别是浙江大学和中国农业大学。

参考世界大学排名和农业科学排名，以及考虑到培养方案的可得性，在开设农业工程本科专业的国外一流大学中选取美国的普渡大学和伊利诺伊大学厄巴纳—香槟分校，国内涉农高校中开设农业工程本科专业的"双一流"高校有浙江大学和中国农业大学，这4所高校的农学相关学科处于世界领先地位，其人才培养体系具有重要的参考价值。

第二，农业工程专业既是传统涉农高校的老牌优势专业，又是新农科和新工科的重要结合点。现代农业工程在工程科学理论的基础上，采用先进技术、装备，由现代组织管理系统实施，在科学运行机制下推进农业现代化活动及其成果产生，农业工程发展的数量、质量、运动量、结构对我国农业现代化发展质量和速度具有重要的影响。[3] 农业工程学科始终伴随着世界农业农村现代化进程而演进与发展的，[4] 也将随着第四次工业革命和农业科技革命的到来而面临优化升级的关键转折。研究显示，发达国家农业工程学科基本完成了向现代生物与工程学科交叉的转化，[5] 而我国农业工程专业人才培养存在许多现实问题和挑战。

第三，近年来，在新工科和新农科建设的双重背景下，各涉农高校在提升农业工程专业教育教学质量方面做了许多积极有益的探索，但我国农业工程专业的发展面临

[1] 杨冬，林健.五大卓越：美国一流大学工程人才培养模式的透视与启示——以普渡大学为例［J］.现代大学教育，2023（6）：60-71.

[2] 分别是浙江大学、中国农业大学、沈阳农业大学、河南科技大学、仲恺农业工程学院、黄河科技学院（民办）。

[3] 齐飞，朱明，周新群，等.农业工程与中国农业现代化相互关系分析［J］.农业工程学报，2015，31（1）：10.

[4] 李莉，王应宽，傅泽田，等.世界农业工程学科研究进展及发展趋势［J］.农业工程学报，2023，39（3）：1-15.

[5] 马成林.农业工程学科发展趋势［C］//农业系统工程理论与实践研究——全国农业系统工程学术研讨会论文集.北京：中国农业工程学会农业系统工程专业委员会，2006：12-17.

着较为严重的创新问题。根据教育部高等学校农业工程类专业教学指导委员会专家对农业工程类本科专业发展的研究，我国农业工程本科专业建设存在几个主要问题：其一，专业内涵建设创新不够，对新业态引领和支撑不足；其二，专业核心课程建设薄弱，学生知识体系与生产实际需求脱节；其三，专业课程体系更新缓慢，通识教育课程质量堪忧，教材整体质量亟待提高；其四，实践与创新教育资源有限，课程实验探索性内容较少，学习深度不够，基地建设不成熟，科研续联机制仍需完善；其五，国际化视野培养不足。而以往相关文献研究探讨农业工程专业及农林高校高质量课程体系建设的相对较少，且大多数研究多停留在经验探讨阶段，并没有从具体课程设置的实际情况角度给予佐证。

本文主要采用文本分析的研究方法，以中美4所世界一流高校农业工程专业本科人才培养方案为分析核心，对人才培养方案中课程体系的总学分，学分分布情况，课程体系中通识课、专业课、选修课的学分分布情况，理论与实践课程、前沿交叉课程分布情况几个方面进行综合分析和比较研究，进而得出国内外一流涉农高校在推进高质量课程体系建设中呈现出来的主要特征和发展趋势，以及在人才培养改革方面的重要举措，从而为涉农高校农业工程专业及其他涉农专业课程结构的优化调整、课程内容的升级改造提供参考。

三、培养方案比较

人才培养方案通常是指在一定现代教育理论、教育思想指导下，根据特定的培养目标和人才规格，以相对稳定的教学内容和课程体系、管理制度和评估方式，实施人才教育的过程总和，包括培养目标、学制学位、培养过程、专业设置、课程体系、教学内容和方法等要素。本研究从专业培养目标与定位、课程体系设置等方面对4所高校的农业工程本科专业培养方案进行比较分析。

（一）专业培养目标与定位

农业工程专业的发展已有百年历史，是传统涉农高校的优势专业。农业工程专业综合了工程、生命科学、农学、物理等众多学科，培养具备农业机械设备设计、制造、检测、改良及规划农村发展等方面技术和能力的高级农业人才。[1] 关于农业工程专业培养的是什么样的人才，国际上通常认为农业与生物系统工程师（Agricultural and Biosystems Engineers，ABE）是识别农业工程专业人才的标准之一：懂农业的工程科学家 / 工程师，不仅需要有工程技术背景，拥有计算和构思的能力，也需要有农业与生物学背景，拥有描述和联想的能力。[2] 我国已经建成世界上规模最大、门类齐全和结构多元的工程教育体系，[3] 然而我国农业工程类人才培养质量不高，普遍存在工程实践能力偏弱、就业竞争能力不强等现实问题。

美国是国际上公认的工程教育强国，也是工程教育改革和创新的引领者，[4] 普渡大学作为世界领先的大学之一，其工程教育历史悠久，底蕴丰厚，体系完备，规模庞大，专业布局广泛。普渡大学农学院有着世界一流的农业学科，教育目标是通过提供有关食品、农业和自然资源方面的课程，来培养能够推动创新和发现，从而重塑生命科学、生物安全、环境、农业和粮食系统的优秀下一代。普渡大学认为农业工程师应当将他们关于农业系统、自然资源和工程的知识应用于设备设计，并确保设备在农业生产实践中与环境的兼容性。由于普渡大学农业工程专业学生培养质量较高，受到了劳动力市场的认可，在产品工程、设备研究与设计、设施设计、环境咨询和工程管理领域有着较好的就业机会。

伊利诺伊大学厄巴纳—香槟分校农业和生物工程学士学位涵盖 2 个专业方向，其中一个是农业工程专业。伊利诺伊大学厄巴纳—香槟分校官网对农业工程专业的定位是物理和生物科学的整合，是农业工程设备、食品系统、能源、自然资源、环境以及生物系统的基础。该专业的学生能够参与可再生能源、非道路用机械设备，水质、土壤和水资源的利用和保护系统的设计。设计的目标是提高经济性，节约材料和能源、保障安全性和环境质量。

浙江大学培养方案对农业工程专业的培养目标给出了明确规定。农业工程属于工程技术和生命科学交叉融合的领域，致力于实现农业与生物复杂系统的高效运行和可

---

[1]　尚书旗，王海清，王东伟，等 . 农业工程类研究生国际化培养模式探索与构建［J］. 农业工程，2023，13（4）：122-126.

[2]　应义斌，泮进明，徐惠荣，等 . 关于中国农业工程类专业建设和人才培养的若干思考［J］. 农业工程学报，2021，37（10）：284-292.

[3]　金东寒 . 深化拓展新工科建设 培养新时代卓越工程师［J］. 中国高等教育，2022（12）：12-14.

[4]　杨冬，林健 . 五大卓越：美国一流大学工程人才培养模式的透视与启示——以普渡大学为例［J］. 现代大学教育，2023（6）：60-71.

持续发展。专业的培养目标为面向国家，特别是本地区农业与生物系统工程领域的发展需求，培养兼具工程技术背景和农业与生物背景、德智体美劳全面发展、具有全球竞争力的农业工程领域高素质创新人才和领导者，为农业现代化提供强大支撑。所培养的人才：（1）具有良好的道德与修养，遵守法律法规，社会和环境意识强；（2）具有扎实的数学、自然科学、工程基础和专业知识；（3）具备农业工程类专业实践和专业综合应用能力；（4）善于与多学科的专业工程师和生物学家沟通、协调；（5）能够胜任生物产业及相关领域应用的系统设计开发、运行维护、测试分析等工作；（6）具备工程项目实施与管理的能力；（7）自学能力强，具有创新意识和国际视野；（8）能以领导者、技术骨干等角色与团队成员一起在创造性工程实践活动中取得成就。

人才培养目标是人才培养质量的标杆。农业工程学科的发展伴随着整个农业社会发展的历史进程演化，随着新一轮工业和农业革命的到来，面对农业新技术、新产业、新业态的到来，传统的农业工程技术人才将无法适应社会经济发展的新变化，迫切需要人才的转型升级以满足现代化和未来农业生产的需求，通过对 4 所高校人才培养目标的分析可以看出，农业工程专业培养的是具备工程、物理、生命科学等多学科背景的复合型人才，在掌握通用知识的基础上，借助这些学科的专业技能通过参与农业生产设备的设计促进农业生产、提高农业资源使用效率，同时保证经济性，达到节约、安全、可持续和绿色发展的长期目标。4 所高校的农业工程专业人才培养目标呈现出了与时俱进的时代特色和先进的教育理念，而且国外两所高校将"卓越人才和全球领导者""掌握多学科文化知识"作为人才培养的重要目标，更加强调工程领导人才的培养。

（二）课程体系设置

1. 总学分要求

从培养方案设定的总学分来看，美国普渡大学和伊利诺伊大学厄巴纳—香槟分校的农业工程专业最低毕业学分要求均是 128 学分，这与美国其他一流大学工程专业培养方案的总体要求相近。在我国两所一流涉农高校中，中国农业大学学分要求为 160 学分，浙江大学为 181.5（160 + 7.5 + 6 + 8）学分。国外两所一流高校的学分要求总体上低于国内两所一流高校的学分要求，浙江大学培养方案中学分要求最高。我国高校培养方案中的学分规定主要依据教育部《普通高等学校本科专业类教学质量国家标准（2018 年）》（以下简称国标）关于大学学分制管理的暂行规定，理工科专业 170 学分左右[1]，两所国内一流高校培养方案符合国标要求，中国农业大学学分要求略低。

2. 课程设置情况

课程设置是指学校开设教学科目，由各专业规定具体的教学计划，是专业所要求的课程组合、排列与配合形式。[2] 在过去的数十年中，世界一流大学不断进行课程体系的改革，以培养高质量能够支撑社会持续发展的新型人才。

在培养方案的整体设计上，普渡大学培养方案设计内容相对简单，包括专业必修课（34 学分）、其他部门课程（92 或 91 学分）和选修课程（2～3 学分）三大部分，其他部门课程主要内容涵盖人文科学、社会科学、信息素养、科学与技术、书面和口头交流、定量推理等方面。在毕业要求上，要保证修满普渡大学 32 个高级学分、6 学分的国际理解课程、3 学分多元文化，以及农学院以外的人文或社会科学学院的 9 学分课程。

伊利诺伊大学厄巴纳—香槟分校农业工程本科专业培养方案中课程大概分为六大部分，分别是入职培训和专业发展（2 学分）、基础数学与科学（33 学分）、农业与生物工程技术核心课程[3]（31 学分）、农业工程专业方向必修核心课程（14～15 学分）、农业工程方向选修课程（21 学分）、通识课程（26～27 学分）。

浙江大学农业工程专业学分要求最高，课程具体分为通识课程（76 学分＋7.5 学分）（其中包括自然科学类通识课程 28.5 学分）、专业基础课程（22.5 学分）、专业课程（54 学分），专业课程包括专业必修课程（32 学分）、专业选修课程（5 学分）、实践教学（9 学分）、毕业论文（8 学分），个性化修读课程（7.5 学分）、跨专业模块（3 学分）、国际化模块（3 学分），此外还有第二、第三、第四课堂等可供选择。

中国农业大学实行大类平台课程培养办法，课程主要分为通识教育（44 学分）、大类平台课程（80.5 学分）和专业教育（35.5 学分）三大部分。其中，大类平台课程包括大类平台课程Ⅰ（10 学分），主要是工程基础课程；大类平台课程Ⅱ（34.5 学分），主要是理学基础课程、生命科学课程、生态环境课程和人文科学课程；学院平台课程（36 学分），为工学院、理学院和信电学院提供的专业基础课程；专业教育包括专业必修课程（22 学分）、专业选修课程（13.5 学分）。

---

[1] 教育部高等学校教学指导委员会.普通高等学校本科专业类教学质量国家标准（2018）[M].北京：高等教育出版社，2018.

[2] 教育大辞典编纂委员会.教育大辞典（第 1 卷）[M].上海：上海教育出版社，1990.

[3] 该校农业工程项目下分为农业工程和生物工程两个具体的专业方向.

3. 不同类型课程学分分布

通过分析 4 所高校的培养方案可以看出，尽管不同高校课程设置的模块不尽相同，但是课程设置类型一般包括通识课程（包含数学与自然科学基础课程、人文与社会科学基础课程）、专业基础课程、专业核心课程（专业必修课程和专业选修课程）以及自由选修课程几个方面。

（1）通识课程

培养通专融合的新型人才是高等教育的时代使命。通识教育的目的是为所在学科和专业提供相应补充，以确保学生探索各种知识、文化和哲学观点，通识教育有助于建立批判性思维，培养创造力、领导力和公民意识。在美国一流大学工程本科教育中，通专融合课程设置是实现通专融合培养目标的核心载体，美国工程本科教育在过去的几十年中不断推进通专融合的课程改革。[1] 国外通识课程中一般包括艺术、语言、人文科学、自然科学、社会科学、行为科学、定量推理、国际视野等方面，国内的通识课程通常包括思政课、外语类、军体类、美育、劳育、创新创业等，4 所大学的培养方案对通识课程的划分存在一定差异且各具特色。

普渡大学全校通识教育课程被称为 "Undergraduate Outcomes-based Core Curriculum"，涵盖定量推理、科学、人文、社会与行为科学、信息素养、书面交流、口头交流，以及科学、技术与社会八大板块，农业工程专业具体的培养方案中指出，学生必须完成的校园通识课程包括通识教育语言类、经济学入门、高级写作等共计约 26 学分，约占最低毕业学分要求的 20%，其中必须包括至少 6 学分国际理解、3 学分多元文化意识、3 学分人文社会科学、农学院以外的人类或社会科学学院的 9 学分课程。

伊利诺伊大学厄巴纳—香槟分校通识教育实行大挑战计划 "Grand Challenge Learning Initiative"，是变革性学习的重要组成部分，旨在将本科生通识教育与现实问题连接起来，同时会考虑到学生的不同背景、需求和兴趣。通识课程涵盖语言、高级作文 / 写作、人文与艺术、社会科学与行为、自然科学与技术、定量推理、文化研究几个方面。一般情况下，农业工程专业的通识教育满足工学院的通识课程要求和校园通识课程要求，工程专业类通识课程包括写作课 I、自然科学、定量推理等必修课程，此外校园通识课程包括人文与艺术、社会与行为科学、顶石项目、经济学原理、外语 / 语言课、文化研究课程，学校提供了大量可供选择的通识课程目录。根据学校

[1] 李曼丽，詹逸思，何海程. 全球语境中的一流工程教育本科课程的务本与布新 [J]. 高等工程教育研究，2021，69（5）：159-165.

最低毕业学分要求 128 学分，伊利诺伊大学厄巴纳—香槟分校通识课程最低要求约 28 学分，约占总学分的 22%。

浙江大学通识课程设置门类比较全面，包括思政类、军体类、美育、劳育、外语类、计算机类、创新创业类、自然科学通识类选修课，共计 76 + 7.5 = 83.5（学分），约占总学分的 46%。在通识选修课程中包括大学写作、耕读教育相关课程。不过，浙江大学通识课程中的自然科学通识类课程（28.5 学分）在其他高校中可划归为数学与自然科学基础类，如果按照其他高校的划分方式划分，则浙江大学人文科学类通识课程约占总学分的 30%。

中国农业大学为了促进学生全面发展采用大类培养的课程设置，包括通识教育、专业通用理论和技术、专业教育三大部分。其中通识教育旨在培养学生的综合素养，课程设置涵盖思政类、人文教育、理学教育、沟通交流写作、军体类、美育、劳动、全球化视野、创新创业类等，旨在为学生终身学习奠定基础，通识教育合计 44 学分，占总学分的 27.5%。不过中国农业大学有人文社会科学类课程（共计 4 学分）如经济学原理划归为大类平台课程，如果按照 4 所大学通识类课程比较接近的划分方式，那么中国农业大学通识类课程在 48 学分左右，约占总学分的 30%。数学与自然科学类通识课被称为理学平台课程。

考虑到课程设置的共同性，为方便比较对课程内容进行统一化分类处理，中美 4 所一流高校农业工程专业课程体系中通识课程具体学分设置情况如表III–11 所示。4 所高校通识课程学分占总学分的比例在 45% ~ 50%，人文与社会科学通识课学分占比在 20% ~ 30%，国外两所一流高校的人文通识课程学分占比为 20% 左右，国内两所一流高校人文通识课程学分占 30%。国外高校数学与自然科学通识课程学分占比更高，分别为 24% 和 26%，而国内两所高校数学与自然科学通识课程学分占比较低，分别为 16% 和 19%。

从通识课程设置的具体内容上来看，国外两所一流高校的人文类通识课程一般包括语言类（书面与口头交流）、高级写作、经济学原理、逻辑推理、创意课、人文社科、多元文化等，旨在培养学生的批判性思维、创造力、问题解决能力、创新意识等，以及在不同学科、知识之间建立跨学科的认识从而为学习注入新的活力，引导学生尊重理解多元学科和文化的差异，以及培养学生成为社会公民和全球领导者的能力。值得一提的是，国外两所高校通识教育普遍比较重视语言和写作技能的培养，分别开设初级写作课和高级写作课，例如第一年写作课（4 学分），通过在写作方面的有效学习和实践，让学生接受各种用于研究的写作指导，以及语言交流基础训练

（3 学分），在人际互动和小组讨论的过程中培养识别问题和提出解决方案的能力，同时在此基础上培养学生从听众向具备丰富信息和说服力的演讲者转变。国内两所高校的人文类通识课程设置比较具有中国特色，课程内容涵盖思政类、军体类、外语类、美育、劳育、创新创业以及学生生涯指导等。

此外，通识教育中数学和自然科学是工科学习的基础，国内外学校课程设置存在一定区别，具体课程内容通常涵盖微积分、概率统计、线性代数等数学课程，化学、物理、生物等科学课程。具体如表Ⅲ-10 所示。

表Ⅲ-10　四所高校通识课程具体内容

学校名称	通识课程内容
普渡大学	定量推理，科学，人文，社会与行为科学，信息素养，书面交流，口头交流，科学、技术与社会，国际视野，多元文化，经济学原理
伊利诺伊大学厄巴纳—香槟分校	语言、高级作文/写作、人文与艺术、社会科学与行为、自然科学与技术、定量推理、文化研究、顶石项目、经济学原理
浙江大学	思政类、军体类、美育、劳育、外语类、计算机类、创新创业类、自然科学通识类选修课
中国农业大学	思政类、人文教育、理学教育、沟通交流写作、军体类、美育、劳动、全球化视野、创新创业类

（2）专业类课程

专业类课程设置包括专业基础课程、专业必修课程和专业选修课程。专业基础课程是后续进行专业学习的基础，农业工程本科专业基础课程通常包括力学、工程学、电气电路、动力学、机械学等。各所学校的专业类课程设置如表Ⅲ-11 所示，普渡大学专业基础课程在 21~24 学分；伊利诺伊大学厄巴纳—香槟分校专业基础课程为农业与生物工程两个方向的核心课程，为 31 学分，具体包括生物学、机器系统、土壤与水、生物环境、生物工艺、项目管理、顶石项目设计经验（可满足通识教育的高级写作要求）、工程科学计算机入门、电气和电子电路、工程图形设计、静力学、介绍性动力学；浙江大学为 22.5 学分，包括工程图学、常微分方程、分析化学、概率论与数理统计、电工电子学及实验、理论力学、材料力学及实验等；中国农业大学实行大类平台培养政策，专业基础课程被称为"学院平台课"，通过多个学院交叉培养，学分最多为 46 学分，包括画法几何与工程制图、程序设计、工程思维、电路与电子技术基础、工程基础、工程力学、工程材料与成形技术、精度与测量、控制工程基础、工程计算与分析、机械设计基础、热工基础、机械设计制造工程、智能传感与信号处

表Ⅲ-11　四所高校培养方案学分分布　　　　　　　　　（单位：学分）

课程设置类型		普渡大学	伊利诺伊大学厄巴纳—香槟分校	浙江大学	中国农业大学
通识课程	人文与社会科学基础课	26（20%）	28（22%）	55（30%）	48（30%）
	数学与自然科学基础课	31（24%）	33（26%）	28.5（16%）	30.5（19%）
	合计	57（45%）	61（48%）	83.5（46%）	78.5（49%）
专业类课程	专业基础课	21[(1)]（17%）	31（24%）	22.5（12%）	46[(2)]（29%）
	专业必修课	34（27%）	15（11%）	49[(3)]（27%）	22（14%）
	专业选修课	21[(4)]（16%）	21（16%）	12.5[(5)]（7%）	13.5（8%）
	合计	71（55%）	67（52%）	84（46%）	81.5（51%）
最低毕业学分要求		128	128	181.5[(6)]	160

注：（1）普渡大学并没有将数学科学基础课和专业基础课区分开，本研究根据其他学校课程内容设置进行大致辨别处理。

（2）中国农业大学实行大类平台课程培养政策，专业基础课程包括大类课程Ⅰ和学院平台课程两部分。

（3）专业必修课程包含实践教学 9 学分、毕业论文 8 学分。

（4）参照伊利诺伊大学厄巴纳—香槟分校课程设置内容和情况，普渡大学的这部分专业选修课程大概为 20 学分。

（5）个性化修读课程归为专业选修课程。

（6）此外浙江大学培养方案中还包括跨专业模块 3 学分，国际化模式 3 学分，第二课堂 4 学分，第三课堂、第四课堂各 2 学分。

理、液压与气压传动。浙江大学专业基础课程占比最低，为 12%，中国农业大学专业基础课程占比最高，为 29%。国外两所高校专业基础课程相对国内高校而言增设生物环境、土壤与水科学等内容。

专业必修课程方面，普渡大学为 34 学分，占比为 27%，具体课程内容包括工程系统计算、工程和生物系统热力学、大二研讨、生物材料、电子系统设计、水资源工程、实体建模仿真和分析、机械部件设计、移动设备液压控制系统、有限元法、项目规划与管理、农业工程设计、专业实践。伊利诺伊大学厄巴纳—香槟分校为 15 学分，占比最低，为 11%，课程包括农业和生物工程热力学、固体力学，以及选修统计方法、数据分析、工程风险、流体力学等课程，还包括 6 小时的生物和自然科学选修课程和 15 小时的技术选修课程，伊利诺伊大学厄巴纳—香槟分校提供了大量的课程目录供学生选择，给予了学生极大自主选择的空间；浙江大学专业必修课程 49 学分（包含实践教学 9 学分和毕业论文 8 学分），占比为 27%，课程涵盖农业与生物系统工程、自动控制理论、精细农业、机械制图、生物生产机器人、生物传输、生物环境、生物传感与测试技术、机械制造等；中国农业大学专业必修课程为 22 学分（其中毕业设计 5 学分，实习实验 5.5 学分），占比为 14%。课程包括农机农艺学、农业机械与设备、农产品干燥加工、畜牧及加工机械等。在专业选修课程方面，国内外高校课程设置差别较大，国外两所一流大学提供了大量的专业选修课程，培养方案上的最低要求约为 21 学分，约占 16%。浙江大学专业选修课为 12.5 学分，占比较低，浙江大学培养方案中还包括跨专业模块 3 学分，国际化模式 3 学分，第二课堂 4 学分，第三课堂、第四课堂各 2 学分。中国农业大学专业选修课程 13.5 学分，占比为 8%。

（3）实践类课程

实践教育是教育过程中人力资本积累的非常重要的环节，根据贝克尔的人力资本理论，作为人力资本投资的途径，某些知识的掌握需要和实践相结合，一些知识的习得需要长期的专业理论学习，而另外某些技能的形成，既需要专业知识又需要实际经验，而这些又可以分别从传统的学习和工作经验中获得。研究者们认为大学生在校期间的人力资本积累应该同时来自课堂学习的投入以及课外实践的投入。[1]实践教学类课程通常包括各类实验课程、认识实习、生产实习、综合类实习以及毕业实习等。[2]

本次调查的 4 所世界一流高校，在课程中设置了实验课、生产实习、毕业实习等课程内容，学分分布不一。普渡大学和伊利诺伊大学厄巴纳—香槟分校在数学与自然通识课程中都设置了化学、物理等实验课程，虽然两所国外高校并未对实践课程修读学分做出明确规定，但两所高校提供了大量的选修课程供学生选择，其中包含实践课程，此外，在具体课程中还有许多实践机会，例如顶石项目，通过学校和合作伙伴的关系来为学生提供参与实践的机会，合计 9~21 学分，占 7%~15%。浙江大学的实践类课程包括实验类 8 学分和实践教学 9 学分，占 10%，此外在个性修读课程中也可以选择实验、实践类课程，在 20 学分左右。中国农业大学实践类课程设置主要包括物理、化学基础实验课，认识实习，生产实习等课程 9.5 学分，占 6%，此外在专业选修课程中也有约 7 门（5 学分）实践课程可以选择。总体来看，4 所学校的必修实践类课程学分占总学分的比例较低，在 6%~10%，即使选修课程都选择实践类课程，实践内容学分占比也仅在 15% 以下。

[1] LIGHT A. In-school work experience and the returns to schooling [J]. Journal of Labor Economics, 2001, 19 (1): 65-93.

[2] 李辉，周元. 行业特色高校高质量课程体系建设研究——基于 40 份本科人才培养方案的分析 [J]. 高等工程教育研究，2023（2）：51-57，62.

（4）前沿交叉课程

随着工业 4.0 的到来，面对农业新技术、新产业、新业态，传统单一的农业工程技术无法满足现代农业的发展需要，工程领域专业已经从单一技术延伸到科学、技术、社会、文化等多重领域，国际农业工程人才培养也凸显出农业、工程、生物、信息的交叉融合。美国科学院公布未来十年美国农业科技领域亟待研究和突破的五大关键技术，分别是系统认知分析、精准动态感知、数据科学、基因编辑、微生物组。通过上述分析可以看出，4 所高校也在努力应对新一轮农业科技革命的变化，积极布局农业工程领域前沿交叉课程，通过高质量跨学科交叉复合型人才培养模式转型升级来满足现代化和未来农业生产的需求。例如普渡大学有基因工程等前沿的专业选修课程；浙江大学课程设置紧随产业前沿，农业工程专业课程中设置精细农业、生物生产机器人及实验、生物传感器与测试技术等必修课程，可再生能源工程、农业物联网及其应用等选修课程，通识课程中需至少修读 1 门耕读相关的课程，例如智慧农业、农业绿色生产、生态文明、绿色农业等课程。

四、中外一流高校农业工程专业课程特征及比较分析

（一）注重通专融合的课程设置

通专融合是近些年来高等教育改革的重要方向。通过对 4 所一流涉农高校培养方案的分析发现，农业工程专业非常注重通专融合的课程设置，通识教育类课程和专业课程的学分设置大致保持均衡状态。

普渡大学工程人才培养坚持通专融合、先通后专的逻辑，坚持"大工程观"的工程学科建制和专业布局，核心工程体系由通识课程和专业课程两大模块构成。[1] 前者主要培养人作为社会个体所需要的通用知识和技能，包括人文科学、信息素养、定量推理、沟通和表达等，后者则侧重于工程领域的通用知识和能力，以及农业工程方向的核心技能，包括基础数学、化学、物理、工程及农业工程核心技术等。伊利诺伊大学厄巴纳—香槟分校农业生物工程系第一学年通常并不进行专业划分，在通识课程的基础上必修农业与生物工程核心课程，随后根据课程顾问的推荐和指导具体选择农业

---

[1]　杨冬，林健．五大卓越：美国一流大学工程人才培养模式的透视与启示——以普渡大学为例［J］．现代大学教育，2023（6）：60—71．

工程或者生物工程专业，除了通识课程，伊利诺伊大学厄巴纳—香槟分校提供了大量的专业选修课程供学生选择，以达到培养了解和掌握多科学知识和能力的学生的目的。

中国农业大学近年来秉持"通专平衡、交叉融合"建设理念，不断通过创新大类平台课程体系的建设来实现通专融合人才的培养，建立了包括工学、信息科学、理学等的"通识、大类、专业"三层次课程体系。通识教育旨在培养学生的综合素养，包括理学、人文教育、美学教育、沟通交流写作能力、全球化视野、批判性思维等，以实现德智体美劳全面发展的培养目标，为学生的终身学习奠定基础。大类平台教育是使学生成长为某一领域具有交叉学科背景的人才，专业教育是使学生成长为某一专业的拔尖创新人才。在这个背景下，中国农业大学建立了工学和信息科学大类平台课程，具体包括三类，大类平台课程 I 是大类内所有学院、专业共同必修的课程，包括程序设计、画法几何与工程制图、电子电工技术、工程思维等专业课程必备的基础知识；大类平台课程 II 是工学和信息科学大类平台提供给农业工程其他四个大类专业选择的课程；还有一种情况就是从其他大类专业中选修一定学分的课程。从其他的大类平台引入的课程包括理学类（数理化），生命科学类、生态与环境科学类，以及人文社会科学类等大类平台课程（这部分在其他学校通常归类为通识教育）。理学类平台课程是工学的重要基础，包括一元微积分、多元微积分、线性代数、概率论与数理统计、基础化学、大学物理、材料力学、理论力学、结构力学等；引入生命科学类、生态与环境科学类的大类平台课程，是知识拓展或者学科交叉；引入人文社会科学类大类平台课程是为了进一步提升学生的人文素养。通过大类平台课程的建设，将生物学、信息科学、农学工程理论融入工程教育，进一步打造通专融合、特色鲜明的课程体系。

（二）凸显多学科交叉融合的典型特征

拥有百年发展历史的农业工程学科，其内涵已由最初单纯应用于农业的工程技术，发展为强烈依赖农学、生物、工程和信息等学科之间的相互融合和相互渗透的工程技术。[1]20 世纪 60 年代，欧美农学工程领域积极汲取第三次工业革命与产业变革成果，衍生出农业系统工程、生物工程、生物能源等诸多新专业领域，有力支撑

---

[1] 应义斌，泮进明，徐惠荣，等 . 关于中国农业工程类专业建设和人才培养的若干思考［J］. 农业工程学报，2021，37（10）：284-292.

了欧美国家农业从传统农业向现代农业的转型发展。1963 年，美国农业工程师学会（American Society of Agricultural Engineers，ASAE）定义农业工程学科是应用物理科学和生物科学来研究农业生产的特殊工程学。20 世纪 90 年代，美国农业工程学界对农业工程学科的认识从基于应用的工程类学科向基于生物科学的工程类学科转变。[1]2005 年，ASAE 更名为美国农业与生物工程师学会（American Society of Agricultural and Biological Engineers，ASABE），学科内涵从原来工程技术在农业的应用发展到依赖于农学、工程、生物、信息等学科的交叉融合。[2]

在这种转变趋势下，欧美农学工程教育从原来偏向单一的工程专业教育转向专业教育与通识教育并重，并开始对专业结构与课程设置进行调整，大幅度增加了农学、生物学和化学类的课程。通过普渡大学和伊利诺伊大学厄巴纳—香槟分校农业工程专业课程设置可以看出，两所学校农业工程专业都有生物学、化学等基础学科，而且在农业工程排名前十的学校，例如伊利诺伊大学，加利福尼亚大学戴维斯分校、得克萨斯农工大学中，其专业为农业与生物工程专业，农业工程为下设的专业方向，因此，农业与生物相关课程内容是该专业的必修科目。有研究梳理了美国 86 个农业工程类本科专业（方向）课程体系，普通化学Ⅰ开设率为 100%、生物学Ⅰ为 71%、有机化学为 55%、普通化学Ⅱ为 53%、生物物理学为 51%、微生物学为 35%、普通生物学Ⅱ为 30%、生物化学为 23%。[3]随着第四次工业革命的到来，以及工程技术和农业科技革命的大发展，为适应不断更新的产业和科技发展新趋势，农业工程人才培养从传统的工程教育向生物科学、医学、人文社科、环境、能源等多学科高度交叉融合转变。

（三）兼顾专业基础与前沿

世界一流大学在注重专业基础的同时将行业、社会发展前沿实践融入人才培养的过程中，积极应对社会发展的实际需求。自 20 世纪 80 年代开始，美国大学率先意识到了工程教育本科生能力素质难以满足工业产业前沿的需求，开始掀起工程教育改革的浪潮，工程本科课程从以往更加关注科学和数学理论基础，较少关注前沿转变为前

[1]　师丽娟 . 中外农业工程学科发展比较研究［D］. 北京：中国农业大学，2016.

[2]　李莉，王应宽，傅泽田，等 . 世界农业工程学科研究进展及发展趋势［J］. 农业工程学报，2023，39（3）：1-15.

[3]　KALEITA A L，RAMAN D R. A rose by any other name：an analysis of agricultural and biological engineering undergraduate curricula［J］. Transactions of the ASABE，2002，55（6）：2371-2378.

沿与基础课程并重。[1]进入 21 世纪，农业工程研究领域开始从传统领域转为农业生物质资源相关研究和精准农业、智慧农业研究，包括生物质资源生产及相关技术、传感技术、人工神经网络技术、光谱技术等在农业领域中的应用等，科研领域中生物技术与应用微生物和能源与燃料进入 TOP3。[2]4 所高校课程设置在兼顾专业基础的同时积极引入前沿课程，农业工程专业基础课程包括自然科学基础课程和专业基础课程，普渡大学和伊利诺伊大学厄巴纳—香槟分校两类课程总学分分别占到 41% 和 50%，中国农业大学两类课程总学分占 48%，可以看出世界一流高校对专业课程的基础非常重视。

前沿课程需要结合社会发展、行业新科技动态调整课程设置。一方面，由于前沿专业问题发展变化较快，课程内容也要灵活变动，4 所一流高校大多通过设置选修课的形式供学生选择感兴趣的前沿问题。例如，伊利诺伊大学厄巴纳—香槟分校专业选修课程开设生物传感器、可移动机器人、生物纳米技术与工程、可再生能源、绿色电能等前沿技术课程。另一方面，学校通过与企业、政府、非营利组织开展项目合作的方式让学生深入行业产业，通过实践参与具体过程来使学生了解和掌握前沿知识技术以及在现实中的应用。

普渡大学和伊利诺伊大学厄巴纳—香槟分校均是从赠地学院发展而来的，因此两所高校服务社区、地方和国家需求的使命深深地刻印在其日常教育中，致力于为州政府、地方政府、国家乃至全球发展培养世界卓越人才，它们在教育过程中始终强调知识的应用性和实践性，能够创新性地参与当地社区、州政府发展以及应对全球的挑战，这种强调服务国家利益和行业科技创新发展的教育意识使得美国工程教育始终站在科技创新和行业应用的最前沿。

（四）弹性课程给予充分自主的发展空间

拔尖创新型农科人才不仅应具备扎实的专业基础知识，同时还应拥有自身独特的知识结构体系和主动自主学习的精神，过于僵硬的课程结构对学生自主学习时间的限制制约了学生创造性的发展。[3]在学习时间有限的约束条件下，课程的弹性空间需要

[1] 李曼丽，詹逸思，何海程.全球语境中的一流工程教育本科课程的务本与布新［J］.高等工程教育研究，2021，69（5）：159-165.
[2] 李莉，王应宽，傅泽田，等.世界农业工程学科研究进展及发展趋势［J］.农业工程学报，2023，39（3）：1-15.
[3] 卢晓东，雍政祺，翁雨音，等.专业必修课弹性与创造性成长空间——以国内外五所高校计算机相关专业为例［J］.高等工程教育研究，2021，69（1）：176-180.

精心研究从而为学生的创新发展提供空间条件。

通过对比分析国内外 4 所一流高校的课程体系可以看出，国外两所高校课程设置的明显特征是无论通识课程还是专业课程均设置了较大的弹性，普渡大学和伊利诺伊大学厄巴纳—香槟分校的专业选修课学分占比是国内两所高校的 2 倍，而且两所高校专业选修课均提供 90 多门课程供学生自主选择，除此之外还设置了自由选修课。此外，在校园通识课程部分，在人文社科、社会行为、多元文化、高级写作等课程上，国外高校也提供了丰富的课程选择，每名学生可以根据自己的兴趣、职业规划与课程顾问协商制定独特的课程，给予学生非常大的灵活学习空间。相对来说，国内两所高校农业工程专业选修课的弹性较小，选修课总学分仅占 7% 左右，选修课程的门数相对国外两所高校也相对较少，而通识课程中几乎所有课程均为必修课程，基本没有课程设置的弹性。

（五）理论与实践相结合的课程模式

工程教育人才培养须与工程行业产业发展需求保持动态适应和协调平衡的关系。[1] 在美国，工程教育先后经历了从基于实践的模式、基于科学理论的模式到平衡实践与理论的模式的变迁，改革重点在以理论还是以实践为主之间反复变化，从而有效平衡工程科学和工程实践的关系。[2] 农业工程专业秉持学用结合，面向国家、地区农业与生物系统工程领域的现实需求，利用工程技术和生命科学交叉融合的专业知识实现农业和生物系统的高效运行，其最终目标是整个人类社会全球发展的可持续，因此工程类专业需要极强的实践能力。国外工程专业实验、技术与实践类课程学分占比较大，并且贯穿四年本科教育的始终，从大一的通识课对该专业和职业的初步认识，到高年级的顶石项目，以及穿插在各个学期的工程设计项目等，都大大增强了学生的实践参与能力。相对而言，国内高校课外的实践教育学分设置较少。工程教育不仅基于自然科学理论和技术原理，还要经过工程训练和实践验证。[3] 普渡大学和伊利诺伊大学厄巴纳—香槟分校在前两年设有初级研讨课，旨在让学生了解工程实际，到高年级开设项目规划和管理、农业工程设计以及农业工程实践等课程，并通过参与行业项目的审

[1] 杨冬，林健. 五大卓越：美国一流大学工程人才培养模式的透视与启示——以普渡大学为例 [J]. 现代大学教育，2023（6）：60-71.

[2] 任令涛. 美国工程教育发展历程探析——兼论工程教育二元分裂性 [J]. 高等工程教育研究，2022，70（6）：193-199.

[3] 郑庆华. 高等工程教育发展：守正与创新 [J]. 高等工程教育研究，2021，69（5）：44-49，81.

查、规划、执行等，处理和应对技术沟通、预算、团队管理、知识产权等一系列实际问题。此外，两所高校都设置了将专业知识与行业实践结合起来的教学模式——顶石项目，顶石项目在哈佛大学、耶鲁大学、哥伦比亚大学等世界一流高校中普遍存在，其课程具有极强的实战性，并且能够接触行业最前沿，利用所学的专业知识自主设计并提出具体的解决方案，以满足真实存在的社会需求。学校会为学生寻找和提供专业对口的实践项目，这些项目来自行业、政府、国际公益组织等，旨在让学生真正地参与实际项目的开发、评估、建模、测试以及最后的产品形成。这种从工程行业和社会需求出发设定的培养目标和模式突破了单一工程科学范式和知识导向的学术型人才培养局限，有利于引导学生将学习重心从工程学科理论向实践转变。

五、建议

2023 年 9 月，习近平总书记在黑龙江视察时提出要"积极培育新能源、新材料、先进制造、电子信息等战略性新兴产业，积极培育未来产业，加快形成新质生产力，增强发展新动能"，随后在中央经济工作会议上再次强调要"以科技创新推动产业创新，特别是以颠覆性技术和前沿技术催生新产业、新模式、新动能"。建设农业强国、实现农业现代化的时代重任对高等农林教育人才培养质量提出了更高的要求，一流大学课程体系改革体现了对未来农业工程教育定位的重新审视，相比之下，我国农业工程专业课程设置存在总学分过多，必修课程与选修课程、理论课程与实践课程比例失衡，专业课程设置缺乏前沿性和弹性空间等问题，人才培养难以满足农业新产业、新业态的发展需求。涉农高校要以新农科和新工科为重要抓手，对标新质生产力，切实提高拔尖创新型农林人才自主培养质量，高质量的课程体系作为改革创新的主要载体，可以从以下几个方面尝试突破与创新。

第一，持续优化通专融合的课程设置。新农科建设背景下通专融合课程设置的本质是将高等农业教育与产业技术革命、国家重大战略服务能力、农业农村现代化发展有效结合。[1] 目前，我国约有百所高校明确提出了实行通专融合的人才培养模式，通专融合已经成为"国际一流高校工程本科"教育课程改革的重要趋势。[2] 通过分析可

---

[1]　王从严."新农科"教育的内在机理及融合性发展路径［J］.国家教育行政学院学报，2020（1）：30–37.

[2]　李均，吴秋怡.大学通专融合：缘起、模式与策略［J］.江苏高教，2022（9）：41–48.

以看出，经过不断的努力，国内外 4 所一流高校农业工程专业人才培养方案基本实现了通专融合的培养模式，"新农业工程"也在从专业教育向专业教育与通识教育并重转变。通专融合是一种终身学习的理念，是为了后续更好地学习专业知识，以满足社会行业对于各种知识和技能复合创新型人才的需求。我国农林高校目前存在通专融合课程设置脱离高校自身的特色及学科优势，不顾学校自身优势学科、特色专业、师资队伍等因素的现实情况。[1] 对比国外一流高校，持续优化我国农业工程本科专业通专融合课程设置，首先，应努力推进通识教育与专业教育的有效融合，真正做到通识教育的基础铺垫性与专业教育的深入性融合，避免单纯的"去农化"，改变通专融合的理念误区；其次，要完善通专融合的制度设计，加强专业管理机构的建设和通识教育教师的师资培训；最后，要均衡通专融合课程设置，适度提升课程学习的梯度性。美国一流大学通识课程和专业课程均贯穿大学 4 年，属于"楔形课程体系"，为专业知识学习奠定了较好的基础，而我国通识课程与专业课程学习基本上属于"二二式"，学生会更多地把精力放在专业课程的学习上。

第二，对标新质生产力，不断推进课程内容与产业前沿的紧密结合。新质生产力的提出是各行各业挖掘发展新优势、创造新动能的理论指引。农业新质生产力催生现代农业科技革新与现代农业产业变革，农业发展呈现出了一二三产业融合的特征，基因化、数字化、工程化、绿色化、营养化成为农业产业发展的新方向。从 2023 年企业动态数据看，我国注册资本 100 万元以上的农业企业中新兴行业企业占比超过 5%，用人需求集中在生物科学类、农业类和机械类，但目前全国学位授权自主审核单位都没有设置以农业工程作为支撑的一级交叉学科，二级交叉学科中以农业工程作为支撑的交叉学科仅占 1.3%，与农业工程相关的跨学科创新平台数量也严重不足。[2] 农业工程专业人才培养存在滞后性，与产业发展对人才需求的匹配程度仍旧不高，农业工程专业课程内容明显滞后于行业产业发展需要，仍在沿袭"窄深型"的专业单一化模式，课程体系偏重工程专业，而国内外一流高校农业工程专业设置已将对标行业产业前沿作为重要目标之一，尤其是国外两所学校，通过灵活地设置专业选修课程和实践项目将产业前沿融入课程体系，打破了既有学科专业知识传递体系的滞后性。

---

[1]　吕振环，张阙．新农科建设背景下通识教育与专业教育融合的研究［J］．高等农业教育，2023（4）：113–119.

[2]　陈新忠，陈焕春．新常态下中国高等农业教育发展战略研究［M］．北京：高等教育出版社，2019：131.

第三，加强实践教育，探索项目式等新型人才培养模式。工程学科的应用性决定了人才培养要充分结合地区、国家乃至全球整个产业行业市场需求。农业工程教育的实践性较强，而我国学生参与行业企业的创新和实践教育教学活动偏少，学生实习实践平均时长为 4.6 周，平均实习学分占总学分的 1.53%，创新能力、实习实践与动手能力偏弱。[1] 普渡大学和伊利诺伊大学厄巴纳—香槟分校两所一流大学农业工程专业的人才培养目标始终定位于服务地区、政府利益及国家战略诉求，其工程实践教育的精髓在于将工程训练和实践学习贯穿人才培养的全过程，既通过研讨课、实验课、技术课、设计课等课程实践强化工程理论学习，也通过多方协同，校企、校政合作实践项目使学生接触行业产业前沿，服务和引领美国与全球工程产业发展的新需求。相对而言，我国工程教育目前总体存在重理论轻实践、重校内轻校外，校企合作渠道不畅通、积极性不高及成效不足等现象。构建面向未来的卓越农业工程人才培养模式必须要强化工程教育实践，加大工程教育比重，创新工程教育的实践类型和形式，可探索项目式等新型人才培养模式，对标产业前沿问题和国家、地方重大战略需求，以此为导向组织课程体系，增设工程教育体验、产品设计、技术研发、企业实习等方式，通过项目式、订单式等形式构建教育、科技、人才一体化的新型培养模式，提升工程人才理论应用力、实践行动力和社会服务力。

---

[1] 唐汉，关睿，王金武，等.国际化培养模式下的农业工程学科教育体系探索［J］.黑龙江农业科学，2023（5）：76-81.

IV 专家观点

2023 年 11 月 2 日至 4 日，以"创新农业·共享未来"为宗旨的世界农业科技创新大会在北京举办。大会邀请了世界涉农领域具有影响力的科学家、教育家、企业家，以及优秀青年人才，聚焦世界农业面临的问题与挑战，共话产业与教育的合作与发展，探讨科技创新引领未来。与会嘉宾一致认为，随着全球人口的不断增长和资源的日益紧张，当前世界农业正面临着前所未有的挑战与机遇，传统农业模式已难以满足现代社会的需求，科技创新成为推动农业产业转型升级、实现可持续发展的重要动力。本部分摘取了 43 位涉农大学校长、专家学者、企业家在大会上的发言精髓，内容涵盖涉农大学的职责使命、未来农业发展的主流趋势、农业领域面临的机遇与挑战、人工智能与高等农业教育、学科交叉创新与人才培养，以及产学研融合推动大学科技创新等六大核心议题。这些内容全面展示了高等农业教育领域的前沿思考与实践动态，旨在为新农科的建设与发展提供富有价值的启示与参考。

主题一：涉农大学的职责使命

Arthur Mol　荷兰瓦赫宁根大学校长

当前全球正面临诸多严峻挑战，包括地缘政治危机、食品危机、粮食安全危机以及全球环境危机等。为有效应对这些挑战，我们迫切需要开展跨国、跨机构、跨学科的深度合作。农食系统不仅是众多危机的根源，造成了严重的环境问题和贸易障碍，同时也是化解这些危机的关键所在。化解这些危机尤其依赖农食领域内的创新成果。

瓦赫宁根大学正致力于一系列创新项目的研究，这些项目有望为全球危机的解决提供有力支持。其中，荷兰植物生态表型研究中心便是一例。该中心依托瓦赫宁根大学的科研实力，在实验室和田间通过高通量技术收集植物表型数据，并将这些数据与环境因素和基因型数据相结合，引领植物科学领域的创新研究。该中心已投入运营，并已产生一系列有价值的研究成果。

此外，瓦赫宁根大学同一星球研究中心也是值得关注的创新项目之一。该中心由比利时一家微纳米电子咨询公司与瓦赫宁根大学合作成立，致力于开发一种可消化的传感器。这种传感器可被人体摄入，在肠道系统中高精度地测量食物和营养的吸收情况，在预防和治疗各种疾病中发挥作用。目前，该传感器正在猪身上进行测试，未来有望为个性化饮食提供科学依据，并在个人层面治疗重大疾病方面发挥重要作用。

同时，瓦赫宁根大学还投入 1 500 万欧元建立了一个主要研究光合作用效率的研究机构。该机构汇聚了瓦赫宁根大学及国际上遗传学、物理学、分子植物学、植物生理学等领域的专家，共同致力于提高植物的光合作用效率。目前，植物所接收的能量中仅有 5.5% 真正用于植物生长，若能将光合作用效率提升一倍，将极大增加粮食产量。该研究机构特别关注非洲地区的粮食生产问题，因该地区是粮食安全隐患的主要来源之一，且缺乏有效的粮食生产手段。因此，建立安全、绿色和可持续的粮农机制对于全球而言具有至关重要的意义。

在全球政治局势紧张、自然灾害频发、不确定性因素增多，甚至面临战争威胁的情况下，作为科学领域的机构和个人，我们更应加强合作，共同探讨如何让世界变得更加美好。本次大会汇集了来自非洲、中国、美洲和欧洲等地的代表，我们拥有共同的愿景和价值观，通过面对面地沟通和互动，能够更好地应对共同面临的挑战和困难。此类科学性大会旨在实现高远的目标，需要我们深入识别当前面临的问题，并寻求能够传承百年的长远解决方案。因此，这不是一个短期的问题，而是需要我们长期合作、共同努力的议题。我们期待与中国农业大学以及其他机构建立紧密的合作关系，共同应对农食系统所面临的挑战，为全球的可持续发展贡献力量。

Grant Raymond Edwards　新西兰林肯大学校长

林肯大学深耕于农业、园艺及旅游领域，致力于提供卓越的研究与教育服务。我们的使命在于培养学生形成知识体系，优化土地、粮食与经济之间的关联，发掘并释放土地的潜在能量，进而为土地利用的优化贡献智慧。鉴于农业领域所面临的全球性挑战，我们深知唯有通过国际合作，方能有效应对。例如，当前生物多样性迅速丧失，众多生物丧失其栖息地，这迫切需要我们加强研究与合作，以更好地管理自然环境。

林肯大学为一所农林类大学，参与此次全球校长论坛，我们致力于构建更为紧密的合作伙伴关系。关键词即为协作与合作，通过整合各方资源，发挥各自优势，实现互补共进。我们可以开展学生交流、研究人员互访，联合推进研究项目与学术项目。同时，共享资源亦至关重要，如基础设施、实验室、农场等，以实现资源的优化配置。

寻求合作的首要任务是寻找合作空间。全球农林院校在专业设置上具有相似性，并拥有众多校友及交流学生，这为资源整合提供了有利条件。此外，政府的支持亦不可或缺。以新西兰与中国合作的新西兰—中国水研究中心为例，该中心由新西兰政府投资建立，旨在加强水质、水量及气候变化领域的科学研究与培训合作，林肯大学亦积极参与其中。过去 6 年里，该中心已成功与 20 多所中国高校和研究机构建立合作关系，设立 5 个联合研究实验室，并培养了 30 余名青年科学家。通过联合研究项目，两国均获益匪浅，为未来的合作奠定了坚实基础。

在大规模联络中断的情境下，创新显得尤为重要。我们需要运用新型数字技术，保持对话与合作，推动未来粮农系统的转型升级。

Zoe Wilson　英国诺丁汉大学副校长

为全球民众提供可持续的发展机会，是各国高校与行业所共同面对的严峻挑战。我们必须高度重视动植物的保护，关注其营养价值与安全性，积极推动行业的创新发展。当前，我们正面临着诸多食品安全方面的挑战，因此需要构建一个具有韧性的、可持续的食品系统与社区。同时，我们还需要促使更多的决策者做出有益于民众健康的食品决策，积极应对气候变化带来的挑战。

为了实现这些目标，我们需要在全球范围内识别那些更具韧性的粮食产品，并深入各个领域进行探索。为此，我们已建立了一系列科学研究中心，这些中心的研究范围不仅限于对热量的探讨，还包括对非洲地区隐性饥饿问题的深入研究，以及如何为人们提供更加安全、丰富的食品。

为了实现这些目标，我们必须通过创新政策和商业模式来提升我们的能力。同时，我们还建立了替代蛋白质研究中心，旨在通过创新手段为全球人口提供更高质量的蛋白质，提升食品的营养价值。我们愿意进一步加强与全球农业院校的合作，共同应对这些挑战，为全球可持续发展贡献力量。

Carlos Gilberto Carlotti Junior　巴西圣保罗大学校长

我们谨向中国农业大学表示诚挚的祝贺，对其在推动未来农业创新方面所发挥的引领作用表示高度认可。值此巴西与中国建交 50 周年到来之际，两国全面战略伙伴关系硕果累累，为全球可持续发展注入了强劲动力。

展望未来，我们将坚定不移地参与国际合作，积极融入 A5 联盟，以更好地把握全球机遇，共同应对社会、经济和环境层面的挑战。我们愿与中国农业大学深化合作，整合优质资源、先进技术和人力资源，共同应对当前和未来的挑战。

通过加强合作，我们可以更加深入地了解未来世界的发展趋势和当前变化，相互支持、优势互补，共同应对日益严峻的食品问题和挑战。同时，我们也将积极推动社会环境及立法方面的变革，为全球可持续发展贡献更多力量。

钟登华   中国农业大学党委书记、中国工程院院士

当今世界正经历百年未有之大变局，可持续发展面临诸多挑战，未来农业走向何方，是世界各国人民共同关切的重大问题。在这样的背景下，本次论坛以农业科技创新与大学使命为主题，探讨大学在农业科技创新领域的使命，可以说意义十分重大。

大学是人类历史上最古老的机构之一。人才培养、科学研究、社会服务是大学的三大职能。引领知识创新，推动科技进步，服务社会需求，是大学的光荣使命。中国农业大学始终坚守自己的传统和价值理念，始终秉承"解民生之多艰，育天下之英才"的校训，致力于培养知农爱农人才，应对变化，塑造未来；致力于推动科技创新，促进多学科交叉融合，有组织地开展前沿基础研究和关键核心技术攻关；致力于促进国际交流，与 50 多个国家和地区的大学建立了友好合作关系，联合发起世界顶尖涉农大学联盟 A5 联盟，构建全球农业教育科技合作命运共同体。

科技创新是人类文明进步的不懈动力，同时也是现代农业发展的根本力量。习近平总书记指出，科技是第一生产力，人才是第一资源，创新是第一动力。大学作为三个"第一"的重要结合点，要坚持交流互鉴，搭建全球性工作交流平台，突破地域和文化界限，推动科技创新与合作，有效应对全球粮食安全、气候变化等挑战，加快推进农业发展转型升级，加强人才培育，大力培养具有全球视野的复合型人才，为全球农业发展注入新动力。

孙其信   中国农业大学校长、中国工程院院士

鉴于当今世界正面临着诸多共同的挑战，我们郑重提议召开此次世界农业科技创新大会。本次大会旨在汇聚全球智慧，深入研讨高校应当如何肩负起时代使命，积极应对各类挑战，共同推动全球农业科技的创新与发展。

全球面临的共同挑战之一就是气候变化。2023 年是有资料记载的最热的一年，不管是地表温度还是海面温度都是最高的。这样的全球性变化对粮农生产以及粮食系统转型都带来了极大的挑战，当然也极大地挑战了粮食安全。现在全球人口持续增加，预计到 2050 年将会达到 90 亿人，到时候我们还有没有能力去养活这 90 亿人？过去 30 年预计有 3.8 万亿吨的粮食和畜牧产品在天灾中损失了，占到农林 GDP 的 5%，所以，气候变化是全球面临的共同挑战。

全球农业大学在推动科技创新领域应该承担什么样的使命和责任？首先是创新。我们所说的创新包括但不限于技术创新、机制创新、商业模式创新、政策创新等，它

应该是一个集思广益型、包罗万象型的创新，而不仅仅是科技的创新。其中，农林类大学应该创新知识、创新技术，这样才能应对挑战。其次，有了新的技术，还需要推进技术转型，将实验室技术转化为商业技术，带到农户身边。比如与各种类型的合作伙伴一起改善、改良从大学实验室创新出来的技术，让这些技术有更强的适用性，更容易走到农民身边，真正提高农户的生产率。再次，作为高校，要培养新人才，培养年轻人，让他们了解自己所面对的这个世界有哪些挑战，引导他们具备应对挑战的使命感，帮助他们掌握相应的知识和技能。最后，全球性挑战无国界，全球农业大学必须加强交流合作，共同推动创新，这是应对全球性挑战的必由之路。

中国农业身兼重任，需要养活 14 亿人。实现更高的农业生产效率，是中国农业对中国的农业大学提出的首要任务，这就需要源源不断地创新技术。中国农业大学为此做了很多努力：创新了小麦育种技术，让小麦能够抗干旱、抗高温，提高 15% 的产量；创新玉米育种技术，将育种时间从 5～6 年缩减为 2 年甚至更短；创新基因技术，培育出一些既能抗高温又能抗病虫害的高端作物品种，等等。中国政府提出了远大的脱贫目标和宏伟的乡村振兴战略。中国农业大学积极投身其中，通过开发新的技术体系，创新商业模式，建设新型农场，引进国际合作，取得了很好的扶贫和振兴效果。

我们希望推进更好、更紧密的国际合作，以应对全球挑战。中国农业大学与国际上很多大学、研究院形成了联盟，共同培养学生，推进双边和多边研究合作。我们也积极参与南南合作，把中国的减贫经验分享给非洲国家。在坦桑尼亚，中国农业大学的团队通过采用新的种植技术，使得当地玉米种植效率提高了 2～3 倍。这就是国际合作的一个例证。

关于未来发展规划，首要任务是加大农业领域的创新力度。通过引入先进的农业技术、传播新型的农业知识，并推广创新型的农业经营模式，我们将致力于真正助力广大农户实现增产增收，推动农业产业的现代化发展。其次，我们需要进一步强化教育培养与人才交流工作。构建完善的人才储备体系，为二三十年后的中国和全球发展培养一支高素质的人才队伍，确保人才资源的持续供给和高效利用。最后，加强全球联系与合作至关重要。通过深化国际合作，共同应对全球性挑战，我们将促进不同国家、不同领域的人们团结一心，携手共进。这样，我们才能在全球化的大背景下不断开创更加美好的未来，让世界的希望之光更加璀璨夺目。

吴普特 西北农林科技大学校长

关于未来农业与大学使命，我有以下几点看法。未来农业将展现出六大显著特征：首先，第一产业、第二产业和第三产业将实现深度融合，形成产业协同发展的新格局。其次，农业主体将呈现多元化态势，包括农户、企业、合作社等多种组织形式。再次，绿色将成为未来农业的重要发展方向，注重生态环保与可持续发展。又次，健康引领将贯穿农业全链条，保障食品安全和人民健康。从次，装备智能化将大幅提升农业生产效率和质量，推动农业现代化进程。最后，全球配置将成为未来农业发展的必然趋势，我们应加强国际合作与交流，以实现资源共享和优势互补。

未来农业是现代农业与时俱进的高级形态，农业科学与其他学科交叉融合，将会出现新的产业和业态：与生命科学交叉融合，催生生物产业，比如合成生物学、生物育种；与医学交叉融合，催生健康产业，比如营养健康、保健食品等；与生态与环境科学交叉融合，催生生态产业，比如生物农业、生物肥料等；与能源科学交叉融合，催生生物能源产业，比如粪便处理、秸秆利用等；与信息科学和管理科学交叉融合，催生数字农业，比如智慧农业、智能农业等。

从未来农业的视角出发，需要围绕未来农业的特征和科学内涵，对学科和专业进行优化，创新人才支撑、人才培养模式，加强大学之间的文化交流。2018 年我们提出了"未来农业"的概念，2019 年得到教育部的批复。建设未来农研院，必须走学科交叉的道路，基本的目的是"探索、优化、创新"，探索未来农业发展的战略路径，优化农业学科专业结构，创新未来农业人才的培养模式。现在我们已经在植物营养、生物育种、生物医学、生物医药、生物信息等方面形成了自己的特色和优势。

陈发棣 南京农业大学校长

涉农高校是农业和教育优先发展两个重要结合点，我们首先要找准高等教育服务教育强国战略的着力点。一是以内涵式发展为目标，构建高质量高等教育体系。二是以立德树人为根本，提高人才自主培养质量。三是以服务需求为导向，来支撑中国式现代化建设。

作为农业高校，我们还要找准农林教育助力农业强国战略的坐标点。一是下好科技助农先手棋，强化农业科技创新。二是下好人才兴农的关键棋，培养知农爱农新型人才。三是要下好教育强农的长远棋，推动新农科建设发展。

我们学校近年来围绕教育教学在以下几个方面取得了一定成效：一是打造以服务

需求为目标的学科专业体系。我们坚持强势农科、优势理工、精品社科、特色文科的学科发展思路，形成了综合性的本科、多科型的硕士和特色型的博士这样的学科专业体系。大力推进学科交叉融合。我们成立了前沿交叉研究院，积极布局生物信息学、合成生物学等交叉学科，围绕健康核心大力推进农业与健康全过程、全领域、全要素的深度融合。二是构建了以教育教学改革为重点的协同育人体系。我们把知识传授、素质提升和能力培养、价值塑造融为一体，培养了有爱农情怀和兴农本领的时代新人。通过金善宝学院培养拔尖创新型人才。通过产教融合平台以及研究生工作站等提升学生的创业能力。把耕读教育和专业教育相结合，通过耕读教育涵养人。三是夯实了"顶天立地"的科技创新体系。积极推进一些重大平台建设，依托这些平台集聚一些比较大的人才团队，来推动基础研究。构建了"项目+""对象+""团队+"的科研组织形式，探索有组织的科研选题、有组织地组织实施、有组织的项目申报、有组织的成果培育，在新品种培育、植保、智慧农业、耕地保护以及畜产品加工等领域都产出了一批新的成果。四是完善了以师德师风为核心的教师发展体系。坚持师德为先、科研为基、发展为本的人才队伍建设理念，积极推进人事制度改革，以及学校高层次人才培养计划。五是畅通了以合作共赢为基础的教育开放体系。学校与全球 50多个国家和地区的 170 多所高校、科研院所建立了紧密的合作关系。

李召虎　华中农业大学校长

在推进产教融合、构建智慧农业专业的过程中，我们经过深入研讨，确定了以下 3 个方面的核心内容：首先，我们致力于在新设方向上，瞄准社会需求量大且具备新型特征的专业领域，以满足社会经济发展的迫切需求。其次，我们积极增设新型和边缘交叉的学科专业，以拓宽学科领域，增强专业的综合性与前沿性。鉴于华中农业大学在资源方面的相对局限，我们集中力量建设具有显著特色的专业，以凸显学校的教学优势与特色。同时，我们充分利用农科基础，增设近农非农专业，实现农科与非农科之间的有机融合，提升专业的广度与深度。最后，我们致力于不断拓宽已有专业的口径，增加其服务方向，以适应社会经济的不断变化与发展需求。通过以上 3 个方面的努力，我们将全面推进产教融合，构建具有鲜明特色与竞争优势的智慧农业专业，为培养高素质农业人才、推动农业现代化做出积极贡献。

在 10 多年前，我们提出了信息技术和生物学科的交叉。五年前，我们把它叫作华农模式 3.0，提出了用生物科技、信息科技和工程技术来改造和提升我们的农科专业，走进了智慧农业时代。我们采取了"智慧+农业应用场景"这样的培养模式，这是新型的智慧农业应用场景，可以将智慧数字科学在农业场景当中开发利用。在课程方面，设置了模块化体系，每一个模块下面都有若干门课程。比如在信息这个模块下给学生开出的是30门课，学生只要选其中3~4门就可以满足学位要求，这样就给学生的兴趣和发展留了很大的余地，实现学生自主选课的个性化培养。

主题二：未来农业发展的主流趋势

赵春江　国家农业信息化工程技术研究中心主任、中国工程院院士

对于未来农业的面貌，我们充满期待与好奇。我所研究的是信息科技和智能装备工业技术，其与农业进行深度融合之后，形成了一种新的农业生产类型——智慧农业。欧盟有一个项目，展示了未来一群机器人在田间作业，看不到人，这就是智慧农业的一种典型类型。从全球来看，农业生物技术、数字技术、新能源、可再生能源及农业的机械化、灌溉技术和食品加工技术都是对未来农业农村可持续发展非常重要的技术。智慧农业是现代农业一种崭新的生产方式，它把农业生物技术和信息技术以及智能装备技术融合，形成了一种新的业态，对于未来农业发展具有非常重要的引领性作用，也是未来要坚持发展的方向。

智慧农业之所以被视为未来农业的发展方向，其根本原因如下：首先，智慧农业具备显著的高生产力特性。这主要体现为生产效率、人均产量以及资源利用效率等均呈现出较高的水平，这无疑是未来农业发展中至关重要的一个标志。其次，智慧农业具备很高的工业化水平。这一特性能够确保农业从业者不再承受繁重的农业劳动及脏乱的工作环境，从而有助于吸引更多人才投身这一行业，确保农业领域的可持续发展。最后，智慧农业有助于重塑农业生产系统。通过精准化的投入、智能化的操作、数字化的管理以及网络化的服务，智慧农业能够显著提升农业生产的效率和质量，为农业领域的长期发展奠定坚实基础。

为推动智慧农业的长远发展，未来应重点从以下6个方面着手：第一，需持续加强农村基础设施建设，夯实智慧农业发展的硬件基础。第二，需构建完善的技术标准和规范体系，确保智慧农业技术的规范化应用和推广。第三，需不断推进技术创新，研发更加先进、高效的智慧农业技术，提升农业生产效率和品质。第四，需积极打造智慧农业的实际应用场景，为农民提供直观、可学习的示范，促进智慧农业技术的普及和应用。第五，需建立健全的人才体系，培养具备智慧农业知识和技能的专业人才，为智慧农业的发展提供有力的人才保障。第六，需制定相应的政策措施，考虑到智慧农业的前沿性和引领性特点，以及早期可能存在的效益较低的情况，应提供必要的补贴政策支持，以推动智慧农业的健康发展。

智慧农业技术涉及的主要领域可归纳为以下四类：第一，是信息的获取环节，涵盖了传感技术、卫星遥感技术以及无人机遥感技术等先进技术。以美国为例，在其面向 2030 年的农业科技发展战略中，农业传感技术被列为未来亟待突破的五大关键技术之一。第二，是智能决策技术的运用。得益于互联网、物联网和遥感技术的快速发展，数据积累的速度大幅提升。引入人工智能技术，可实现科学决策与智能分析，提升决策效率和准确性。第三，智能装备技术同样至关重要。这一环节需要确保从信息获取到决策再到实施形成闭环，使生产经营者能够切实感受到技术的实际应用效果。智能装备技术展现了其自主学习和适应农业需求的能力，实现了农机与农业的深度融合。第四，信息服务技术也发挥着不可或缺的作用。借助人工智能技术构建知识图谱，提供问答式的智能服务，使生产经营者能够便捷地获取专业解答，提升问题解决效率。

在构建智慧农业的未来场景中，我们需关注以下几个方面：一是智能设计育种，通过技术创新提升育种效率与品种质量；二是智能化生产，利用智能化技术优化生产过程，提高生产效率；三是智慧设施农业，如智能温室、植物工厂、楼房养猪等新型农业设施的建设与运用；四是智慧物流，实现农产品从田间到餐桌的高效流通；五是基于大数据的智能问答服务，为农业生产者提供及时、准确的信息支持。

在推动中国智慧农业发展的过程中，我们应结合中国国情，探索适合小尺度条件下的智慧农业发展路径。通过持续的技术创新与应用实践，推动中国智慧农业不断迈向新的发展阶段。

梅永红　华大农业集团董事长，深圳华谷生物经济研究院院长

农业作为一个多元化的产业体系，涵盖了生产技术、装备水平、组织架构、经营主体以及完整的产业链等多个方面。诺贝尔经济学奖得主舒尔茨曾明确指出，一旦更多的现代生产要素被引入农业领域，农业便完全具备成为持续增长且创造更多就业机会的产业类别的潜力，从而使其成为永恒的朝阳产业。

以荷兰和以色列为例，这两个国家在农业方面均展现出了卓越的成就。荷兰，尽管其国土面积仅 4.1 万平方千米，耕地面积仅占中国的 0.5%，却实现了每公顷蔬菜产出高达 54 吨的惊人成绩，这一数值近乎我国的三倍。此外，荷兰的农产品年出口额

接近千亿美元，仅次于拥有 360 万平方千米耕地的美国。以色列在农业环境恶劣的条件下，不仅实现了粮食自给自足，还大量出口谷物、种子、咖啡等农产品。通过深入考察这两个国家的农业实践，我们可以清晰地看到，它们均展现出了现代产业形态的特征，包括现代技术、装备、生产组织以及高素质的从业人员。

产业发达程度的差异，往往源于其要素结构的不同。传统与现代农业之间的区别，并不在于产品属性，而体现在技术和创新属性上，即生产力的不断提升上。对于我国而言，快速转变长期以来自给自足的小农经济格局，是实现农业现代化的必由之路。为此，我们需采取多项措施：一是通过科技、资本、人才等现代要素的广泛引入，从根本上改变农业发展的基础，使农业摆脱过度依赖自然条件的局面；二是坚决推动农业向规模化、集约化、标准化方向发展，并与市场实现充分对接，从而摆脱小农经济的束缚；三是通过全产业链的布局，大幅拓展农业的边界，打破低投入、低回报的恶性循环。

此外，农民身份的职业化也是农业现代化的重要方面。以美国为例，尽管农民仅占其全部就业人口的 1.3%，但为农业提供直接或间接服务的就业人口占比高达 17%。这种高度专业化和社会化的分工模式，使得美国农业劳动生产率达到了我国的 80 倍。同样地，西方国家所谓的农民，实际上更多地扮演着农场主以及财务、规划、销售、营销、技术等职业经理人的角色，这与传统的小农经济形态形成了鲜明对比。

人类社会历来如此，专业分工是推动进步的关键。尽管有人可能认为中国耕地的高度分散化使得规模化、集约化难以实现，但我们应当认识到，社会化、专业化的大生产并不完全依赖于规模化。小而美的专业化公司同样可以满足各种应用场景的需求。例如，日本和韩国的农地规模与我国南方地区相近，但它们通过农协等全链条服务组织，为分散的农户提供多样化的服务，实现了农业的社会化。这表明，耕地分散并非农业社会化的必然障碍，我们可以跨越农业 2.0 阶段，直接进入农业 3.0 阶段。

随着农村常住人口的不断减少，分散的农地对社会化服务的需求日益迫切。这为我国农业产业形态的变革提供了前所未有的机遇。在此背景下，我们应当积极探索和创新服务模式，如山东地区供销社系统推行的土地托管制度，通过整合闲置资源、与村集体合作等方式，为农民提供菜单式的生产服务。这不仅有助于提高农业生产效率和效益，更重要的是还推动了农民身份的转变，使他们从身份化的农民转变为职业化的农民。

农民职业化的过程，实际上也是农村劳动力与其他生产要素通过市场机制实现合理配置的过程。这使得农民第一次拥有了地域和职业的自由选择权，他们的竞争性和劳动技能也得到了新的提升动力。如果说联产承包责任制激发了农民种田的积极性，那么农民的职业化则使他们彻底摆脱了地域、身份和耕地的束缚，成为真正的市场主体。这不仅有助于提升农民的社会地位和收入水平，也为农业的系统再组织、要素再配置提供了巨大的空间。

实现农业现代化需要我们采取综合性的措施，包括引入现代要素、推动规模化集约化生产、拓展农业边界以及推动农民职业化等。这些措施的实施将有助于推动我国农业向更高水平发展，为乡村振兴战略的实施提供有力支撑。

朱泽　中粮集团有限公司副总裁

关于未来农业的发展方向，我们可以从以下几个角度进行深入探讨。首先，未来农业将是一个涵盖多元食物供给的大农业体系。实际上，我们的国土并不仅限于126.67万平方千米的耕地，还包括266.67万平方千米的草原、286.67万平方千米的林地以及大量水面资源。例如，在沿海地区，通过现代化的装备设施，我们可以在深海地区发展海上牧场，进行鱼类养殖，从而解决对蛋白质的需求。其次，未来农业将更加注重智慧化的发展。借助高度数字化、智能化的农业系统，我们将实现农业生产的数字化管理，提高农业生产效率，并挖掘新的农业发展商机。再次，未来农业将致力于绿色、低碳的发展模式。我们将更加注重生态保护和可持续发展，强调农业与自然生态系统的协同进化。我们将建立基于资源环境承载力的食物生产模式，构建从农田到餐桌的全产业链绿色化产业体系。最后，未来农业将更多地依赖于设施农业的发展。借助工厂化的设施，我们将能够更高效地获取农业产品，满足日益增长的食品需求。

未来农业将是一个多元化、智慧化、绿色化、设施化的综合性农业体系，我们将不断推动其健康发展，为人类提供更为丰富、优质、可持续的食品供给。

Alemayehu Seyoum　国际粮食政策研究所埃塞俄比亚高级研究员，埃塞俄比亚政府独立经济顾问委员会主席

关于未来农产品的形态及农业的发展趋势，这一问题本质上是在探讨农业领域的未来走向，且这一走向必然是多元且复杂的，因为它深受经济社会发展和历史变迁等多重因素影响。在此，我将特别聚焦于撒哈拉以南非洲地区的农业前景，进行深入分析与探讨。

撒哈拉以南非洲地区，作为世界上农业发展面临诸多挑战的地区之一，近年来在粮食安全和营养健康方面面临着严峻的挑战。据统计，2021 年该地区约有 2.86 亿人处于粮食不足和营养不良的状态。因此，推动农业持续发展，提高农业生产效率，以满足日益增长的人口需求，已成为该地区亟待解决的重要问题。

然而，实现这一目标并非易事。该地区在农业发展方面面临着诸多困难和挑战。首先，生产力水平相对较低，且提升速度缓慢，这在一定程度上制约了农业的整体发展。其次，人口增长迅速且结构日益多样化，给农业发展带来了更大的压力和挑战。再次，环境问题也日益突出，土地退化、气候变化以及沙漠化等问题对农业生产产生了严重影响。最后，制度机制和市场体系的碎片化以及冲突矛盾的频发也制约了农业的正常发展。

尽管面临诸多挑战，但撒哈拉以南非洲地区的农业发展蕴藏着巨大的潜力。该地区拥有丰富的土地资源和年轻劳动力，为农业发展提供了坚实的基础。同时，随着人们对农业重要性的认识不断提高，以及农业知识和技术的不断进步，该地区农业发展的前景仍然充满希望。

关于未来撒哈拉以南非洲地区农业的发展前景，我们可以预见两种截然不同的可能。一种是黯淡的前景，即生产力持续低下，农业发展停滞不前，无法适应外部环境的变化，面对冲击的韧性极低。另一种是光明的前景，即生产力大幅提升，农业发展充满活力，能够适应不断变化的环境和应对各种挑战，展现出更高的韧性。

未来要实现光明的前景，非洲人民需要共同努力，采取一系列切实有效的措施。首先，他们需要进一步提升资本的广度和深度，包括物理资本、人力资本、基础设施资本和自然资本等，以推动农业生产的持续发展。其次，他们需要加强制度建设，提高制度的多样性和有效性，为农业发展提供良好的制度环境。此外，提升政府能力、制定并执行更好的政策、建立灵活的市场机制以及加强公共服务、建立争端解决机制等也是实现农业发展的重要途径。

需要注意的是，非洲农业的未来发展不仅关乎非洲自身的利益，也对全球产生着重要影响。因此，国际社会应当加强与撒哈拉以南非洲地区的合作，共同推动该地区实现更加光明和可持续的农业未来。在这方面，中国作为世界上最大的发展中国家之一，已经发挥了重要作用，并有望在未来继续发挥更加积极和关键的作用。

主题三：农业领域面临的机遇与挑战

Patrick Caron　国际农业研究磋商组织（CGIAR）系统董事会副主席

当前，全球正面临粮食危机和环境危机的双重挑战，这些危机与经济、环境、就业、移民、冲突、和平等多个领域相互交织，形成了一个错综复杂的局面。而粮食系统，正是危机风暴的核心所在，同时也是未来解决方案的关键所在。在过去的一段时间里，我们曾遵循一种架构：科学是知识的源泉，知识通过交流促进行动，行动则推动变革的发生。在这种理念下，粮食系统也进行了相应的调整。然而，随着危机的出现，我们需要重新审视这一认知框架。新的认知论强调，我们需要以更加有利的方式来看待知识、智能和行动之间的关系。为此，我们必须整合知识的创造、智能的诞生以及行动的落地，形成一个相互促进、协同发展的闭环。

在此过程中，我们需要关注以下三个方面：首先，如何产生可实施的知识，使其能够转化为实际行动；其次，如何加强体制机制建设，以实现智能的充分发挥；最后，如何帮助那些在过去政策制定中缺乏话语权的人们参与体制机制建设，确保政策的公平性和有效性。只有让科学和政策紧密结合，深入了解二者的运作机制并改善其互动关系，我们才能更好地将知识和行动融为一体，共同应对当前的全球危机。

Juan Lucas Restrepo　国际生物多样性中心与国际热带农业中心联盟主任

中国农业转型正面临着严峻的挑战，长期以来，农业生产的增长往往以牺牲环境为代价，这引发了人们对粮食安全的深切担忧。然而，在当前时代背景下，我们拥有先进的工具和方法，可确保中国的粮食安全，并推动农业向更为可持续的发展模式转型。

为实现这一目标，我们需采取多方面措施。首先，加大对农业生态系统的支持力度，提升农业绩效，实现资源的高效利用与环境的友好发展。其次，刺激可持续且经济可行的农产品生产，以满足市场需求并保障农民的收入。再次，通过补贴政策，引导农业生产者采用有利于环境的生产模式，降低对生态环境的负面影响。最后，依托法律和行业规范，坚决阻止不可持续的生产行为，维护农业生态系统的健康稳定。

在转型过程中，参与者的行为将产生深远影响。主流生产系统正逐步向可持续集约化方向发展，农业生产将更加注重农业生物多样性和物种多样性的利用，以提升生产效率和生态效益。

展望未来，我们需充分认识到中国在农业领域的强大实力以及与 CGIAR 等国际组织合作的巨大潜力。通过加强合作，我们可在全球范围内共同开展研究，共同探索解决农业发展问题的有效方案。在此过程中，我们需确保实现双赢，既要让中国在合作中获益，又要充分借鉴和利用北方国家的体制机制和能力，发挥中国在技术和专业知识方面的优势，同时加强与全球南方合作伙伴的联系，共同应对挑战。

以非洲为例，尽管当前面临着人口老龄化等问题，但在未来 30 年内，非洲将拥有大量新增劳动力。然而，就业岗位的不足将对社会稳定构成威胁。因此，我们需要加强合作，推动农业和农村领域的发展，创造更多就业机会，以应对潜在的挑战。为此，我们应推动知识共享和联合研究，共同为农业转型和可持续发展贡献力量。

Siddharth Chatterjee　联合国驻华协调员

技术和创新食品在推动可持续发展中具有重要地位和作用。技术作为实现可持续发展目标的关键要素之一，在改变生产、加工以及分配方式方面发挥着至关重要的作用。技术具备巨大的潜力，能够显著提升生产力水平。以精准农业为例，借助传感器、无人机和卫星图像等先进技术，我们可以实时监测作物土壤条件和天气规律，为农民提供数据驱动的决策支持。这种方式不仅提高了自然资源的利用效率，还增加了产量，并最大限度地减少了对环境的影响，从而确保了可持续的粮食生产。

此外，技术在提高农业食品供应链的可追溯性和透明度方面也发挥着重要作用。区块链技术能够安全、不可篡改地记录整个供应链上的每一笔交易，为消费者提供食品来源、质量以及安全性方面的可靠保障。物联网、传感器等技术的应用，能够实时监测和传输温度等信息，确保食品在整个物流过程中保持优质状态。这些技术不仅提升了农业食品行业的运营效率，还提高了消费者对于食品安全的信任度。

值得一提的是，技术正推动着独特的、可持续的粮食生产方式的发展。垂直耕作和气培等先进农业技术，通过将可控环境、高效用水和小空间结合，实现了在城市环境中生产优质作物的目标。这些解决方案不仅节省了空间和水资源，还减少了杀虫剂的使用，并具备全年可用的特点。在应对气候变化等全球性挑战的背景下，这些技术为确保粮食安全提供了有力的支撑。

中国政府高度重视技术创新在提升生产力和实现可持续发展方面的重要作用。通过推广精准农业等先进农业模式，中国在减少资源使用的同时，也实现了资源使用情况的透明化。此外，中国还积极采用数字平台和电子商务解决方案，支持高效的供应链管理,确保新鲜物品能够及时送达消费者手中。这些技术的应用不仅降低了环境影响,还提高了服务消费者的效率和质量。我们应继续加强技术创新和应用,以应对当前和未来面临的挑战,实现更加可持续和繁荣的社会发展。

翟虎渠　中国农业国际合作促进会名誉会长、中国农业科学院原院长

关于农业如何更好地应对气候变化并帮助减排,一般来讲,种植业吸收二氧化碳,养殖业基本上是排氮。总体上,从养殖业总体平衡来讲,农业是一个最好的消纳和消减二氧化碳的行业与产业。

在减碳减排方面,我认为一共有10个方面的事情可做:第一是提高农业的生产效率,不管是现在还是将来,农业的生产效率都是第一位的,发展了才能更好地治理。只有单位面积产量提高了,增产了,才能少种。第二是推广农业节能技术,减少能源消耗。第三是加强碳排放管理。第四是推动能源结构调整,减少化石能源的使用。第五是推动管理改进和循环农业的实施。第六是农业生产要适应气候的变化,用智能农业代替传统农业。第七是完善绿色低碳发展补贴制度。第八是建立健全相关的政策体系。加大对碳排放超标的处罚力度和对绿色生态种植的扶持力度。第九是加强科技创新和人才培养。第十是加强学术教育和意识形态的提升。总之,推动农业向绿色低碳转型,更好地应对气候变化,在当前和未来都是重要的任务。

高旺盛　中国农业大学国家农业科技战略研究院院长

中国几十年来实现粮食安全的基本经验归纳为5个基本战略:一是坚持优先保障口粮战略。二是坚持谷物基本自给为主,适当进口调剂战略。三是坚持满足人民生活健康大食物供给战略。四是坚持确保耕地与水资源基础体系的保障战略。五是坚持以农业科技创新支撑粮食安全的战略和确保农民种粮积极性政策调控战略。

中国的粮食安全转型同样面临着严峻挑战:一是全球粮食安全形势不容乐观。二是全球未来创新农业时代已经到来。三是中国农业生态环境压力与日俱增。四是中国政府确立了中国式现代化总体战略和加快建设农业强国战略目标,都对粮食安全提出了新的要求。

未来的农业创新"四个时代"已经到来。一是基因化农业时代,二是绿色化农业时代,三是数字化农业时代,四是营养化农业时代。面对挑战,中国政府确立了粮食安全是加快农业强国建设的头等大事的战略定位,形成了中国粮食安全转型、可持续发展的7个理念:种业第一理念、藏粮于地理念、低碳绿色理念、新型消费理念、大

食物观理念以及农民主体理念等。同时，经过多年的实践和创新发展，形成了系统化和持续化食物系统转型的措施和路径。

周锡玮　旺旺集团副董事长

农业在减少碳排放方面扮演着重要角色，即通过光合作用捕获和吸收碳。具体而言，"绿碳"指的是通过植物的光合作用来吸收碳，从而提供更多可持续和健康的食物。鼓励民众在适宜的季节选择当地食材，减少因长途运输而产生的碳排放。"蓝碳"作为减少二氧化碳排放的重要方式，涵盖了水体中的多个方面，包括海洋、海岸带生态系统，如红树林、海藻和海草，以及池塘中的水藻等。这些生态系统能够有效吸收并储存二氧化碳，有助于缓解全球气候变暖问题。"土碳"则是指土壤中的碳含量。土壤作为二氧化碳的重要储存器，健康的土壤微生物有助于实现碳的固定和储存。然而，过度使用化肥和杀虫剂会对土壤微生物造成伤害，导致农业产量下降。

在农业领域，为实现可持续发展，可采取以下措施：首先，加强土壤再造工作，针对土壤破坏问题制订有效的解决方案，促进土壤健康与生态平衡。其次，提升水质净化能力，减少空气和水中的污染物，保障民众健康。最后，利用现代科技手段，增大绿色植被覆盖面积，特别是在城市化进程中受到水泥覆盖的区域，如建设屋顶花园、移动花园和垂直花园等，以提升碳汇能力并改善城市生态环境。

主题四：人工智能与高等农业教育

Márcia Abrahão Moura　巴西利亚大学校长

人类当前正共同面临经济、社会和生态等多方面的挑战，需要我们齐心协力、携手应对。在这些挑战中，农业作为一个至关重要的领域，承载着推动可持续发展的重大责任。为实现生态环境的持续健康发展，农业领域亟须技术、科学、政府、企业等多方面的深入合作。借助人工智能等前沿技术，我们可以加速粮农行业及粮农系统的转型升级，培育出更多具备抗灾抗病能力的农产品和农作物，从而有效应对气候变化带来的挑战。

自20世纪60年代以来，动植物和微生物研究领域取得了丰硕的成果，汇聚了全球顶尖的科学家。健康的动植物种群是民生福祉的重要保障，因此，环保与可持续发展要求我们共同应对社会和经济挑战，实现人与自然的和谐共生。在全球范围内，我们已经看到了众多类似的努力与尝试。只有汇聚各方力量，形成合力，我们才能有效减少贫困、关爱动植物，为子孙后代留下更加美好的生态环境。在这一过程中，高校扮演着举足轻重的角色。通过加强产学研一体化合作，我们可以进一步推动科技创新，促进行业应用，为实现可持续发展目标贡献更多力量。

Luiz Gustavo Nussio　巴西圣保罗大学前副校长

圣保罗大学致力于为学生提供全面的数字技术学习体验，涵盖计算机成像、感应技术、供应链物流、可持续农业人工智能政策与监管等多个领域。通过此类课程的学习，学生们能够提升在农作物种植方面的效率，优化植保和疾病监控手段，更有效地应对气候变化，并合理利用自然资源来克服劳动力短缺和水资源短缺等问题。这些成果的实现，均得益于数字技术的广泛应用与推动，从而实现了效率的大幅提升。

然而，仅仅依靠人工智能并不能完全培养出未来的优秀人才。人工智能仅仅为学生们提供了一个学习与实践的平台，而更为关键的是，我们期望通过教育培养出能够在未来50年职业生涯中持续保持学习状态和学习精神的学生。只有不断学习，才能不断适应和引领时代的变化，成为真正的未来之星。

Pham Van Cuong　越南国立农业大学副校长

在高等农业教育体系中，人工智能正日益受到广泛的关注与重视，其在植物保护及农业管理等领域均发挥着举足轻重的作用。展望未来，众多高校将积极引入人工智能相关课程，首要任务便是优化现有的课程体系，并融合现代化的教学技术手段。同时，人工智能技术的转移与普及亦显得尤为关键，众多农业国家亟须将这一先进科技传递给广大农户，特别是在偏远地区，利用人工智能技术可有效提升种植技术与水平。

在农业大学的教育实践中，尽管部分学生对传统农业领域的兴趣不高，但他们对人工智能及信息技术抱有浓厚兴趣。因此，我们需积极探寻有效方法，以吸引这些学生对农业产生兴趣，并引导他们将人工智能与农业相结合。为此，我们已着手与高中教育机构展开合作，共同培养高中生对农业与人工智能融合发展的兴趣与认知，相信这将成为未来发展的重要方向。

Stanford Blade　加拿大阿尔伯塔大学农业、生命和环境科学学院院长

阿尔伯塔大学在机器学习领域的研究位居全球前三，同时在农业与粮食生产等领

域也广泛运用机器学习技术进行深入探索。举例来说，我们利用人工智能手段对土壤健康问题进行深入研究，通过智能分析，得以全面把握土壤的生物与营养学特性，进而实现对土壤状况的科学调整。我们始终秉持实用主义和应用导向的教育理念，致力于推动人工智能和机器学习教育的普及与发展。为此，我们特设了一门名为"无处不在的人工智能"的课程，旨在打破学科壁垒，让不同专业的学生，包括科学类、艺术类以及医疗健康领域的学生，都能共享这一前沿科技的智慧成果。

薛红卫 华南农业大学校长

当前，农业正步入关键的转型时期，其中传统农业与新型科技的融合已成为农业科技发展的主流趋势。在这一背景下，电子科学、数据科学、人工智能等新兴技术正逐渐与农业领域实现深度融合。在人才培养方面，我们积极推动学科交叉，致力于培养未来农业科技发展所需的复合型人才。为此，我们在农林类高校中率先设立了人工智能学院，旨在为新工科和新农科的建设提供有力支撑。在科技创新领域，我们着力推进人工智能与科技创新的有机结合。我们成功建成了国内首个无人水稻农场，有效解决了农业劳动力短缺及传统耕作方式效率低下的问题。同时，我们还牵头建设了农业农村部华南热带智慧农业技术重点实验室示范园，旨在通过人工智能技术重构农业生产模式，并已取得显著成果。在国际化平台建设方面，我们关注多学科交叉研究的重要性，成功建设了精准农业学科引智基地。此外，我们还与美国、加拿大、澳大利亚、英国、巴基斯坦等国家的高等院校和相关研究机构建立了长期稳定的合作关系，共同推动农业科技的国际交流与合作。

展望未来，农业科技的应用场景将愈发广泛，特别是在农业科技数字化和乡村服务远程化方面，人工智能技术将发挥重要作用。因此，我们需要关注多学科交叉研究如何体现特色和优势，这将成为未来农业教育发展的核心所在。鉴于农业产业的区域特色明显，不同地区的涉农高校应明确专业定位，在未来的专业设置和人才培养方面充分体现特色、优势、历史及传承，以推动智慧技术在未来农业领域的广泛应用。

兰玉彬 欧洲科学、艺术与人文学院院士，俄罗斯自然科学院外籍院士，山东理工大学农业工程与食品科学学院院长，华南农业大学电子工程学院／人工智能学院院长

农业发展历经传统农业、机械化农业、信息化农业和智慧农业4个阶段。当前，智慧农业在我国尚处于初步探索时期。在智慧农业的引领下，未来农场将实现"田间不见农人影"的愿景，农民能够坐在办公室内，通过指控田间各类装备，实现信息的获取与感知。

农用无人机作为农业机器人的代表，在产业应用中展现了巨大的潜力，但其发展路径仍面临诸多挑战，这是业内外共同关注的焦点。尽管在技术层面已相对成熟，但在应用层面显得较为混乱，缺乏统一的标准规范。为此，我们成立了农业机器人实验室，致力于将空天地一体化技术应用于不同层面，以推动农用无人机的标准化与规范化发展。在实验室的努力下，我们已经成功开发了农业航空的大数据平台，特别是监控系统，但当前仍面临与产业结合的难题。各家公司都拥有自己的监控系统，导致数据分散，难以实现整合。

生态无人农场是农用无人机技术的具体应用场景，旨在解决未来谁来种地以及如何种好地的问题。该体系由生态化农业、绿色循环农业和无人化作业三大部分构成，旨在实现农业的可持续发展。我们已开发出远程操控的云平台大数据系统，实现了对农场内农机的远程控制，真正实现了"田间不见农人影，唯有农机兀自忙"的现代化农业愿景。

张漫　中国农业大学信息与电气工程学院院长

智慧农业的发展，推动了农业领域的深刻变革，引领农业步入了 4.0 时代。智慧农业是在精细农业的基础上，通过将新一代电子信息技术与农业生物工程深度融合，实现农业生产的智能化和高效化。其中，智能农机装备与农业机器人成为实现智慧农业目标的重要途径。在智慧农业的实践中，农业机器人的研发与应用具有举足轻重的地位。其中，自主导航技术是实现农业机器人高效作业的关键所在，涵盖了定位、路径规划、信息感知等多个方面。此外，机器人之间的协同作业也是实现智慧农业高效生产的重要一环，这需要通信技术以及决策支持系统的支持。同时，自主学习技术也是农业机器人领域的关键技术之一。通过自主学习，农业机器人能够不断更新自身知识库，提高作业精度和效率，为农业生产提供更加智能化、精准化的服务。智慧农业的发展离不开智能农机装备与农业机器人的支持。未来，随着技术的不断进步和应用领域的不断拓展，智慧农业将在提高农业生产效率、促进可持续发展等方面发挥更加重要的作用。

黄文江　中国科学院空天信息创新研究院研究员

当前气候变化、粮食安全问题加剧。导致全球粮食损失的因素中病虫害占比达到了 40%，因此，在全球范围内进行病虫害监测非常有必要。关键问题是如何实现前哨预警，如何对一体化的防控技术进行结合。病虫害的监测不仅仅是用高分辨率图像看病害和虫害，还要综合考虑病害的基础特性。因为不同的病害有不同的特性基础，涉及病源和虫源的监测以及温湿度信息等。我们的与众不同之处在于，在前期阶段就已经充分考虑了病虫害因素，预先确定了病虫害发生的高风险区域。通过这种方式，我们能够精准地缩小监测范围，实施有针对性的重点防控措施。这不仅有助于减少农药的使用，还能够有效降低对环境的污染程度。

顾裴 阿里巴巴达摩院智慧农业负责人

2021 年，我们携手中国农业科学院共同推进了一项智慧育种项目，该项目致力于融合生物技术、信息技术及人工智能技术，旨在显著提升育种效率并降低育种成本。育种平台由四大核心模块构成，分别是数据管理模块、基因型相关计算加速模块、统计相关分析工作模块以及人工智能相关分析工作模块。该平台具备智能化、安全性、一站式及高效性等诸多优势特点，为现代育种工作提供了强有力的技术支持。

郑永军 中国农业大学工学院教授

随着智慧果园与智能生产的迅猛发展，为了减轻对环境的潜在影响，对于精准或智能施药的需求日益迫切。在过去，精准施药主要依赖于激光探测技术，然而，这种方法未能充分考虑冠层内部的靶标检测和特征识别，从而难以实现药与风的精准调节，进而导致药液的浪费。此外，该技术也未能建立起冠层密度与施药量之间的紧密联系，忽视了冠层外轮廓的不规则性以及冠层内部树叶稠密程度的差异性。在研究中，我们注意到风吹树叶时会发出声音，且不同叶密度下所发出的声音存在显著差异。基于这一发现，我们成功研发出了一种通过音频调节来实现精准施药的新技术。该技术不仅提高了施药的精准度，还有效减少了药液的浪费，为智慧果园和智能生产的可持续发展提供了有力支持。

许童羽 沈阳农业大学信息与电气工程学院院长

东北地区作为国家粮食安全的压舱石，拥有广阔的农业作业面积和较高的机械化率，同时在农业无人机应用方面也取得了相对成熟的成果。当前无人机应用主要局限于固定标准和固定模式，缺乏根据水稻生长情况与环境条件等实际情况进行灵活调整的变量作业。为此，在水稻生产的无人机应用中，我们致力于通过精准监测技术实现精准作业,进而在精准作业的基础上提供精准服务。我们期望构建一个涵盖精准监测、精准作业和精准服务的"三精"技术体系,以推动农业无人机应用的进一步发展,提升水稻生产的效率和质量。

宋茜　中国农业科学院农业资源与农业区划研究所副研究员

世界农业进入智慧农业发展新阶段,已经成为全球共识。水果作为种植业中粮食和蔬菜之后的第三大产业,在农民增收和经济发展中发挥着非常重要的作用。在此背景下,发展智慧果园,推进数字技术与果业的深度融合,已经成为果业发展和转型的重要抓手。智慧果园在发展和建设中面临诸多挑战:一是果园信息获取的要素不全、精度不高,尚不能满足生产应用的需求;二是果园信息的处理能力不足,还有很多瓶颈问题没有突破;三是信息化、自动化的作业装备研发比较薄弱,特别是装备数据的互联互通方面相对滞后。

我们通过空天地一体化果园智能感知体系整合了物联网、无人机和移动平台的移动互联平台,集成了遥感等技术,构建了地形、土壤等多维参数,以及果园、果树和果实多主体的全链条、全要素的信息感知技术体系,增强了信息获取能力。围绕果园、果树和果实"三位一体"的多维信息挖掘和信息技术,构建了航天遥感、航空遥感和地面遥感为一体的多参数、多指标的信息获取和研究系统,增强了信息处理能力。在数据驱动的智能作业装备方面,研发了云边端一体化的田间服务一体机、水肥一体化的灌溉系统、喷药机器人、锄草机器人、跟随运输机器人等,增强了作业能力。

主题五:学科交叉创新与人才培养

Gguricza　匈牙利农业与生命科学大学校长

我们正致力于构建一个具备区域特色的创新中心,涵盖多个跨学科项目,旨在推动地区及全球层面的合作与交流。我们已与众多高校、政府部门、私营部门以及专业组织建立了紧密的合作关系,共同推动创新与发展。为进一步提升创新资源的聚合效应,我们建立了一个地区创新平台,促进资源的流动与共享,推动各方之间的深入合作。同时,我们还积极组织专业人员的交流与培训活动,汇聚最优秀的创新力量,共同推动区域创新能力的提升。

在推进创新工作的过程中，我们始终强调理念创新的重要性。尤其对于早期的创新理念，我们给予充分的鼓励与支持，旨在激发更多的创新火花。此外，我们还积极倡导将创新理念转化为实际技术，推动科技成果的转化与应用。同时，我们高度重视与企业的合作。通过与企业的紧密合作，我们不仅可以获得更多的资金来源和就业机会，还能够深入了解市场需求，推动创新成果更好地服务于经济社会发展。

Baasansukh Badarch   蒙古国生命科学大学校长

蒙古国拥有辽阔的国土面积，其人口密度相对较低，导致农村发展进程日趋缓慢。鉴于此，政府特别制订了"2030 农业振兴计划"，旨在促进农业的全面发展。为了实现这一目标，必须强调创新在农业发展中的核心地位，并充分发挥学术机构的引领作用。同时，国际科技合作也显得尤为重要，只有通过加强国际合作，才能更好地应对和克服农业领域所面临的各种挑战，推动蒙古国农业的可持续发展。

William John Mwegoha   坦桑尼亚慕祖比大学校长

坦桑尼亚坐落于次撒哈拉地带，其农业深受气候变化的影响，面临着前所未有的挑战。鉴于农业在坦桑尼亚经济中的核心地位，这些挑战需要得到政府和高等教育机构的共同关注和应对。例如，水资源短缺已成为影响农业可持续发展的重要因素，如何提升农产品质量以满足市场需求，以及如何有效管理丰收后的作物以避免损失，都是亟待解决的问题。这些问题的解决需要大学的积极参与，利用其科研实力和人才优势，共同寻找切实可行的解决方案。

Kazusato Oshima   日本佐贺大学副校长

近年来，日本佐贺大学对博士和博士后的研究工作倾注了极大的关注。在此过程中，我们深知培养具有全球视野和具备应对挑战能力的研究型人才的重要性。我们期望这些优秀的学者能够在自己的专业领域和实验环境中，积极应对全球性的挑战和问题，努力形成广泛的国际共识。我们希望通过这样的努力，推动科研事业的持续发展，并为全球社会的进步与繁荣做出积极贡献。

宋宝安   贵州大学校长、中国工程院院士

贵州大学作为一所农业学科特色鲜明的综合大学，在其建设过程中，始终秉持严谨、务实的态度，致力于提升教育质量和培养优秀人才。具体而言，学校采取了以下

举措：首先，注重课程交叉与融合。鉴于学校生源中来自山区的孩子较多，基础知识相对薄弱，学校在教学中特别注重将各方面的知识融合在一起，以提升学生的综合素养和跨学科应用能力。其次，强调理论与实践相结合的教育模式。学校致力于打通理论学习和实践环节，围绕贵州省的头部企业，培养具备实际操作能力和创新精神的涉农人才。再次，学校还注重内外贯通，积极开展与对口支援高校的合作与交流。将本校的优秀学生送往中国农业大学、浙江大学等优秀高校深造，进一步拓宽学生的学术视野和知识储备。最后，学校还加强了人才引进工作。在植物保护等领域，学校积极引进高水平的研究人员和学术团队，取得了显著的研究成果和可喜的成绩。贵州大学在农业学科特色建设方面取得了显著成效，为培养更多优秀人才和促进地方经济社会发展作出了积极贡献。

安黎哲　北京林业大学校长

关于交叉学科的人才培养，北京林业大学采取了以下四项重要举措：首先，学校致力于构建高水平的人才培养体系和合理的课程体系，旨在培养具备服务生态文明建设能力的领军人才。其次，学校重视构建高素质的教师队伍，并在此方面取得了显著成效。再次，学校积极构建科研平台，推动科学研究与教学的深度融合，使教学与科研相辅相成，以高水平的科学研究成果为人才培养提供有力支撑。最后，学校积极开展高质量的国际交流与合作，与世界多所林业院校签订了战略合作协议。北京林业大学通过林业与农业学科的交叉设置，致力于培养具备交叉创新能力的优秀人才。

主题六：产学研融合推动大学科技创新

Sui Daniel　美国弗吉尼亚理工大学副校长

弗吉尼亚理工大学在生物科技领域正积极开展一系列具有前瞻性的研究工作，并成功构建了一个专注于农粮产品的工业园区。为了加速农业领域的创新步伐，我们渴望实现跨学科的融合研究，突破传统学科界限的束缚。我们期望汇聚各方力量，构建政产学研紧密合作关系，共同推动融合发展，为农业领域的进步贡献力量。

David Campbell James Main　英国皇家农业大学副校长

关于产学研创新合作，我们首先要对创新这一概念进行明确的界定。在我看来，创新应当是指那些能够在实践中得到成功验证的理念。要实现创新，我们必须在研究过程中积极寻求与学术机构的深入合作，同时在实践层面则要与相关行业和产业保持紧密的协同。唯有如此，我们才能够将理论上的创新理念转化为具有实际效益的成果。针对农业领域所面临的挑战，我们应当鼓励科学家与实践者深度合作，通过双方的共同努力，识别并应用那些最为适用的技术和方法。这种跨界的合作模式将有助于推动农业领域的创新发展，并为实现可持续发展目标提供有力支持。

Gina Fintineru   罗马尼亚布加勒斯特农业科学与兽医学大学副校长

在产学研合作方面，我校始终致力于搭建坚实有效的合作平台，积极参与各类竞赛活动，旨在促进各利益相关者的紧密合作。我们特别重视行业咨询委员会的组建，诚邀业界代表参与我校课程规划及研究领域优先事项的确定，同时学校也致力于培养行业所需的关键技能，提供必要支持，并推动创新创业活动的发展。此外，我校还不断加强基础设施建设，鼓励跨学科或多学科的联合研究，以进一步提升产学研合作的深度和广度。

Anuchai Pinyopummin   泰国农业大学副校长

在学术研究领域，大学扮演着至关重要的角色，能够推动一系列创新性解决方案的提出，以满足行业中的具体需求。我校在农业领域建立了广泛而深入的合作关系，积极参与了将日本稻米在泰国成功种植的项目研发工作，为泰国粮食生产提供了重要的支持与帮助。

张卫国   西南大学校长

在 2021 年，我校携手地方政府及产业领军企业，共同创立了一个生物育种科技创新平台。该平台的建设主要遵循以下三个方面的核心策略：首先，我们坚持目标导向，紧密依托国家种业安全战略和成渝地区双城经济圈，致力于构建具有高校特色的农业产业示范带。其次，我们突出特色优势，围绕长江上游丰富的种子资源，进行深度开发、高效利用和创新创制。最后，我们创新机制体制，推动产学研创新特区实体化运作，学校与地方政府、龙头企业共同注册成立具有法人资格的实体化单位，以进一步推动科技创新与产业融合发展。

付强　东北农业大学校长

产学研深度融合的核心在于构建高效的科研创新平台。具体而言，我们需要从两方面着手：一是深化校企合作，共同建设校企研发中心，以推动产业要素的集聚和优化升级。二是促进产学研的紧密结合，通过与企业和科研院所构建创新联合体，实现学科、平台与科研攻关的深入交叉融合。同时，我们还应充分利用大学科技园的资源优势，将企业与学校紧密绑定，既丰富了科学研究的内涵，又有效推动了科技创新的发展。

对于未来的工作，我们应有以下几点认识：首先，涉农高校应加强与企业的合作，共同建设校外实践基地，以提升实践教学的质量和效果；其次，应加大对特色产业学院的建设力度，以满足社会对特色人才的需求；再次，需进一步加大科技投入和科技创新力度，提升学校的科研水平和创新能力；最后，还应加强国家和地区项目的有组织科研和谋划，为科技创新提供有力支撑和保障。

（专家观点由邓淑娟、杨娟根据会议文字资料整理）

Ⅴ 典型案例

中国农业大学："二元融合、五维拓展"的卓越畜牧人才实践教育模式创新与推广

曹志军　等

    中国农业大学畜牧学科经过百年的积淀与发展，积累了深厚的教学科研优势，并在推动我国畜牧业蓬勃发展的进程中发挥了重要支撑作用。面对现代畜牧业高质量发展和国家乡村振兴重大战略对卓越人才的需求，以 2007 年入选第一批高等学校特色专业建设点为契机，学校全面整合畜牧学科在教学科研和产业资源上的优势，构建并推广了"二元融合、五维拓展"的卓越畜牧人才实践教育模式（见图 V-1）。创立系

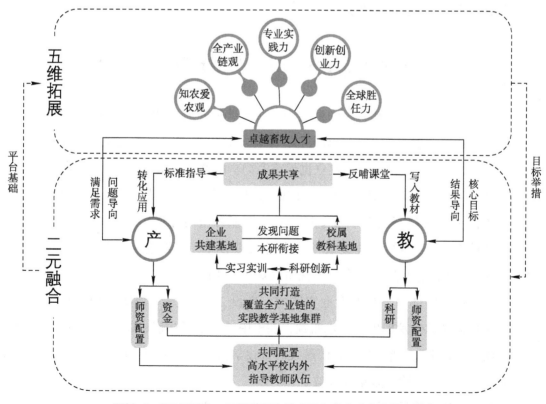

图 V-1　"二元融合、五维拓展"的卓越畜牧人才实践教育模式

列产教二元融合育人共同体，通过建设高水平校内外指导教师队伍，设立"卓越畜牧人才基金"，打造畜牧主产区和产业链环节全覆盖的校企基地集群，构建了产教双向赋能的长效机制，实现师资互聘、基地共建、成果共享，并对全国农林高校开放，培养了一批批具有知农爱农观、全产业链观、专业实践力、创新创业力、全球胜任力五维拓展素养的卓越畜牧人才。

一、创立产教二元融合育人共同体，构建双向赋能长效机制

首创中国牛精英创新创业教育联盟，带头成立"领头羊计划""青年i猪联盟""雏鹰俱乐部"等主要畜禽品种全覆盖的系列产教二元融合育人共同体。

深挖百年科研优势，整合全球优质资源，建设高水平校内外指导教师队伍，设立"卓越畜牧人才基金"，打造畜牧主产区和产业链环节全覆盖的校企基地集群。在企业共建基地开展实习实训，在校属教科基地开展科研创新，并在教学过程中实现本研衔接和成果输出，一方面引领产业发展，主导38项国家标准制定和29项农业农村部主推技术的转化应用，另一方面反哺教学升级，110项研究成果第一时间进课堂、进教材，实现产教双向赋能、良性循环。

二、聚焦卓越畜牧人才培养，创建"五维拓展"育人体系

强化专业情怀教育，塑造知农爱农观。所有课程开展思政改革，将学科历程、大师故事、产业典型引入课堂，入脑入心；全体本科生参加"现代牧场助力乡村振兴"实践和红色"1+1"支部共建；建立世界首家饲料博物馆，承载畜牧文化百年积淀。

深化培养方案改革，塑造全产业链观。强化跨学科交叉融合，引入畜牧经济学、农业装备智能化等16门课程，成立国内首个智能养殖与环境科学系；院士、杰青等牵头推动科研成果进课堂，连续15年开设畜牧业技术与产业前沿通识课，连续11年组织学生参加中国畜牧展等展会，多视角认知全产业链。

构筑训赛协同体系，提升专业实践力。创设2~6个月专项实习和备赛集训营，校企双导师指导学生发现生产技术瓶颈，在干中学、在学中研，将"注入式教学"转变为"探究式教学"；创办全球规模最大的畜牧学科赛事"牛精英挑战赛"，建立考核指标体系，全方位检验实践培养成效。

开辟潜能激发路径，提升创新创业力。创设科创训练营，实现全体本科生"早进

课题、早进实验室"；全资支持学生参加中国国际"互联网+"大学生创新创业大赛、全国大学生动物科学专业技能大赛等国内外赛事，孵化"中农动科"等创业团队，获批农林高校唯一教育部中美青年创客交流中心，获评优秀工作案例2项。

建立国际培养网络，提升全球胜任力。签订畜牧人才培养国际协议15项，开设畜牧学科首个全球互访项目、打通17个国家航线，4次入选国家留学基金管理委员会"创新型人才联培项目"，2次入选高等学校学科创新引智计划。自2012年起与康奈尔大学奶牛人才计划建立互访机制，组织学生赴联合国粮农组织、嘉吉公司等实习；常设海外名师引进与青年学者派出计划，加速全球先进科技进课堂，已聘请79位国外教授来校授课，85%的青年教师有1年以上留学经历。

中国农业大学"二元融合、五维拓展"的卓越畜牧人才实践教育模式在以下3个方面进行了创新。

其一，育人模式创新。创造性构建并实践了"二元融合、五维拓展"的卓越畜牧人才培养模式。深化产教二元融合，重构课程体系，突破传统课堂知识传授的局限，注重科研成果和产业案例第一时间进课堂，强化实习实训与科研创新融通，让知识更鲜活、更交叉、更前沿，让教学不止于书本、不止于教室；强调人才素质全面提升，创立了"知农爱农观+全产业链观+专业实践力+创新创业力+全球胜任力"五维拓展人才谱系，实现产业链、创新链、人才链有机融合。

其二，组织形式创新。创立了首个畜牧学科产教融合共同体——中国牛精英创新创业教育联盟。联盟整合了全球顶尖师资队伍、业内头部企业、重点科研平台，引领卓越畜牧人才培养，将人才培养与教育改革、产业需求对接，推动教学过程中科研成果向产业的输出，构建产教双向赋能的长效互动机制，覆盖全国80%的农林高校。这一组织形式创新迅速在全国获得响应，带头成立"领头羊计划""青年i猪联盟""雏鹰俱乐部"等育人组织，实现主要畜禽品种全覆盖，并先后被水产、草学等学科专业借鉴。

其三，评价机制创新。首创国家级学科竞赛，打造畜牧学科"全运会"。创办品牌竞赛"牛精英挑战赛"，本科生、研究生共同组队，围绕现代化牧场实操技能和数据分析能力，构建了十二大类、38个单项的技能考核指标体系，在我国畜牧学科领域首次实现"理论考试+定项实操+评估答辩"的竞赛模式，从"以学生为中心"的单维导向转变成"以师生协同发展为中心"的二维导向，针对考核内容编著"十四五"规划教材2部，达到以赛促学、以赛促教的目标。带头创办"青年i猪挑战赛""禽始皇文创大赛"，并实现跨学科、跨校企、跨国界的机制输出；得到渔业卓越人才培养的借鉴，开办"全国渔菁英挑战赛"；首农畜牧、嘉立荷牧业等大型牧业集团采用该机制开展员工考核；联合美国康奈尔大学、荷兰瓦赫宁根大学举办 6 届中美、中荷国际挑战赛，目前正在筹备"世界牛精英挑战赛"，覆盖美国、德国、以色列等 15 个国家。

北京林业大学："五位一体"推进新农科建设着力培养生态文明建设领军人才

徐迎寿　　李靖元

北京林业大学坚持以习近平新时代中国特色社会主义思想为指引，心怀"国之大者"，聚焦林草学科专业特色优势，深入贯彻《教育部办公厅等四部门关于加快新农科建设推进高等农林教育创新发展的意见》精神，以新农科建设为统领，在思政育人、专业布局、模式改革、协同育人、智慧教育五方面多措并举、持续发力，"五位一体"推进新农科建设，构建支撑山水林田湖草沙一体化保护和系统治理的高水平人才培养体系，着力培养服务生态文明建设的领军人才，为人与自然和谐共生的现代化建设提供人才和智力支撑。

一、进阶式构建思政育人格局，厚植新农科人才家国情怀

把高质量推动习近平新时代中国特色社会主义思想进教材、进课堂、进头脑，作为引领推进新农科建设的战略举措，进阶式构建"大思政"育人格局，教育引导学生知林爱林、学林为林，服务生态文明建设。

（一）形成工作机制

学校党委出台《全面推动习近平新时代中国特色社会主义思想进教材、进课堂、进头脑的指导意见》，将"三进"工作放在立德树人全局工作的引领位置，以"抓教材—抓课程—抓实践—抓教改—抓特色—抓监督"为方法和路径，以习近平生态文明思想"三进"为重点和特色，把"三进"工作贯穿立德树人全过程各环节，夯实新农科建设关键支点。

（二）形成协同格局

实施思政课程与课程思政"双轮驱动"，形成"各管一段渠—同向同行—融通互促"进阶式改革，获批 2 个全国高校黄大年式教师团队、2 门国家级课程思政示范课程，获评省部级以上思政教学名师 7 人次，打造"五分钟林思考"课程思政样板，坚定学生厚植"植绿报国"理想信念。

（三）形成特色引领

为新农科建设提供学科和实践支撑，率先设立生态文明建设与管理博士点交叉学科，新增"习近平生态文明思想"研究方向，牵头 3 项教育部哲学社会科学研究重大专项研究。建强"生态文明"博士生讲师团，紧紧追随习近平总书记的绿色足迹，连续 10 年宣讲千余场，受众达 80 余万人次。

二、全链条调整专业结构布局，提升新农科人才供给质量

坚持把生态文明作为立校之本、发展之基，面向山水林田湖草沙，全面优化新农科专业结构。

（一）以新农科建设推动专业供给侧结构性改革

坚持专业布局服务国家战略需求，围绕生态文明"五大体系"，编制《北京林业大学中长期本科专业建设规划》，体系化构建山水林田湖草沙全链条专业集群。在全国率先设立国家公园学院，新建草业与草原学院、生态与自然保护学院，为支撑人与自然和谐共生现代化建设提供人才支撑。

（二）有的放矢培养农林领域急需紧缺人才

全面增强专业设置前瞻性、适应性和针对性，设立国家公园建设与管理等战略性新兴专业，增设生态学基础学科专业，布局草坪科学与工程、家具设计与工程等林草特色专业，加快培养种业安全、生态安全、"双碳"等国家关键领域急需紧缺人才。

（三）强化学科专业人才一体化布局

把学科专业"小逻辑"和国家战略"大逻辑"紧密结合起来，主动构建服务生态

文明建设的教育体系、学科体系、学术体系和话语体系。重点建设生态修复工程学、固碳科学与工程、城乡人居生态环境学等交叉学科。实施人才强校"五五工程"，实现人才引进、培养、使用、评价、激励、保障六核联动，构建"三级四类五融合"立体式创新平台体系，以人才科技引领支撑学科专业。

三、体系化改革人才培养模式，促进新农科人才全面发展

打造教育、科技、人才共同体，深入推动人才培养模式创新。

（一）推动本科教育综合改革"树人行动计划"

深入把握树木培育成材和人才培养成长共性规律，制订新时代人才培养"树人行动计划"，凝练学校人才培养总目标，推出八大工程24项具体行动，制订"一核两化三强四融合"本科人才培养方案，构建"以德为核、五育融通"高水平人才培养体系，探索新农科建设的"北林实践"。

（二）建立多维度农林拔尖创新人才选育体系

改革"梁希实验班"人才培养模式，实现农林类专业全覆盖。建设生物类基础学科拔尖学生培养计划2.0基地，实施书院制本硕博贯通式培养模式，构建研究型教学、开放型实验和创造型科研"双渠联动、三位一体"培养机制。推进宽口径专业教育，提升数学等基础学科素养，增强科学教育、工程教育，开放全校选修课程，开设国际化、精品化、前沿化课程，"一对一"导师进行全学程指导，全方位促进学生数学思维、科学方法、创新能力持续提升。开展"一省一校一所"协同育人，与中国科学院植物研究所共同建立"植物科学菁英班"，共享重点实验室等优质科研平台，联合培养基础学科拔尖人才。推行双学士学位和辅修（学位）专业，培养复合型创新人才。

（三）大力度推进人才培养"特区"建设

紧密对接"国之大者"，发挥山水林田湖草沙系统集成优势，设立未来技术学院、现代产业学院等学科交叉融合创新平台，建设教育、科技、人才"三位一体"人才培养"特区"，推动前沿性、革命性、颠覆性技术发展，对接现代农林产业，有的放矢培养林草花果遗传育种、新能源、碳捕集等领域国家急需紧缺人才。依托国家级、省部级野外观测台站等科技平台打造"户外学校"，打造多学科科考队伍，把精彩论文

写在祖国大地上。

四、多元化探索协同育人机制，增强新农科人才创新能力

把发展科技第一生产力、培养人才第一资源、增强创新第一动力更好结合，深入探索"科教融汇、产教融合"协同育人机制。

（一）建强科教创新平台

面向学生常态化开放国家重点实验室、国家工程研究中心等重大科研平台，发挥黄河流域生态保护和高质量发展研究院牵引作用，打造林草领域重要人才中心和创新高地。推进科教融合教改专项实践，促进科研成果进教材、进教案、进课堂。

（二）深化产教融合

深化校校、校地、校企、校社及国际合作，共建森林康养研究中心、鄢陵协同创新中心等产教平台，打造"林业 +"绿色模式，建设"教育—实践—孵化"三段式创新创业教育体系，促进人才培养供给侧和产业需求侧结构要素的融合，强化产学研合作协同育人。

（三）加强和改进耕读教育

面向新农业、新乡村、新农民、新生态，推动耕读传统与时代发展相融合、理论教育与实践教育相融合、劳动实践与课程实践相融合、因地制宜与协同推进相融合，打造"通专结合"的耕读课程体系，组织建设林学概论、生态文明概论等一批耕读教育精品在线开放课程和精品教材，建立鹫峰实验林场等33个耕读教育实践基地，打造"春植绿、夏认树、秋抚育、冬防火"特色耕读教育实践品牌，涵养学生勤俭、奋斗、创新、奉献和劳动精神，提升学生实践本领。

五、数字化构建智慧教育生态，聚力新农科人才提质赋能

把教育数字化战略行动作为推进新农科建设的"关键一招"，探索精准化、个性化人才培养新路径。

（一）推动形成"新机制"

牵头推进教育部虚拟教研室动物及林草水类学科协作组建设，推动虚拟教研室同学科共建共享、跨学科有序协作，产出一批以知识图谱为代表的数字化优质教学资源，获批1个专项研究课题，推送3个典型教研室6个典型教研方法。建立教师全员常态化研习机制，每周三下午不排课，分学院深入开展教育教学大讨论，重点学习习近平新时代中国特色社会主义思想，强化理论武装，提高教师数字化素养和数字教学胜任力。广泛开展"课前自学、课堂精讲、师生互研、课后实践"等混合式教学，深入推进探究学习、合作学习、研讨学习，推动学生开展深度学习。

（二）建成课程"精品库"

加快推进教育部战略性新兴领域"十四五"高等教育教材体系建设团队建设，重点以"追随总书记的足迹，感受美丽中国建设"为主题主线，构建"陆地生态系统修复与固碳技术"自主知识体系，打造19部核心教材，建成19个核心教材知识图谱、353个教学资源，实现教材内容与知识点深度融合。构建学校精品在线开放课程"建、用、学、管"制度体系，设立课程建设专项经费1 200余万元，大力推进以农林优势学科专业为代表的112门精品在线开放课程建设与应用。96门课程在国家高等教育智慧教育平台面向全社会提供教学服务，选课人数超过120万人次。开展249门基础学科和"四新"关键领域核心课程资源建设。

（三）用好建好"大平台"

围绕学生成长成才，深度应用国家高等教育智慧教育平台，加快建设学校智慧教学系统，开展校外学分认定，强化开放性、过程化、综合性考核，构建开放型学习生态，增强学生沉浸式学习体验，提升学生自主学习能力，养成终身学习习惯。

西北农林科技大学："名师引领 五联驱动 三有三强"植物保护卓越人才培养体系构建与实践

康振生 等

植物保护研究植物病虫害防控理论和技术，保障国家粮食安全、食品安全和生态环境安全。随着现代农业的发展，国家对新农科植物保护人才的需求十分迫切，要求更高。西北农林科技大学围绕国家对新农科植物保护人才的需求，提出"需求导向，追求卓越"新理念，针对学科文化引领和科研创新不足，教学团队学术大师少、产业技术人员缺，教学科研平台对卓越人才培养的支撑不够等关键问题，在国家和省部级 19 项教改项目支持下，经过多年研究与实践，创建了"思政 + 课程 + 科研 + 实践 + 访学"五联驱动教学模式，凝练特色学科文化进行思想引领，通过"内培 + 借智 + 外引"打造了同时拥有全国高校黄大年式教师团队、国家级教学团队等国家级人才的师资队伍；通过名师引领，建成了门次最多的国家级一流课程和规划教材，建成了国家重点实验室、国家级植物保护虚拟仿真实验教学中心、旱区作物病虫草害绿色防控国际农业联合研究中心、推广试验示范站等教研产融合的实践大平台以加强科研创新，培养了"有情怀、有知识、有眼界，强创新、强实践、强沟通"的"三有三强"卓越人才。

创建"名师引领 五联驱动 三有三强"的植物保护卓越人才培养体系。五年实践证明，学生学农事农的家国情怀显著增强，理论知识明显增加、国际视野明显拓展、科研创新和实践技能明显提升。毕业生深造比例提升了 28.3%，其中 99% 进入国内外著名高校和研究单位；本科生在校期间发表高质量研究论文数提高了 6.8 倍；就业毕业生 93% 从事涉农行业，35% 成长为植保领域骨干人才，在全国农林高校名列前茅。创建的卓越人才培养体系，被中国农业大学、南京农业大学、华中农业大学等多所高校借鉴应用，示范引领作用显著。成果简介如图 V-2 所示。

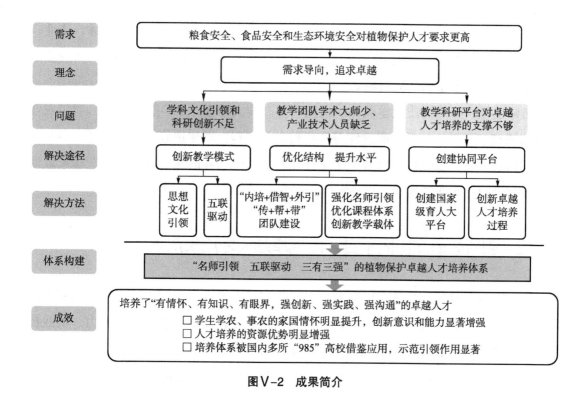

图V-2　成果简介

一、围绕国家需求，更新育人理念和教学模式

围绕国家对新农科人才的需求，针对家国情怀和综合素质培养，提出"需求导向，追求卓越"理念，设计了思想铸魂、课程强基、实践赋能的培养思路，"思政＋课程＋科研＋实践＋访学"五联驱动，培养"有情怀、有知识、有眼界，强创新、强实践、强沟通"的"三有三强"卓越人才。

思想引领和事农使命担当教育。基于学科80多年的文化积淀，以"师承相续、团队协作、艰苦奋斗、潜心钻研"的东南窑学科文化，塑造价值观，铸就植保魂。以国际著名的周尧教授、李振岐院士等国内行业先驱、先进人物等献身农业的精神，培养学生知农爱农情怀，提升学农事农使命担当。

二、优化师资队伍结构，构筑名师引领一流教学团队

"内培＋借智＋外引"多措并举。推动学科历史传承，通过"传技能、帮思想、带作风"和托举培养、弹性引智、国际合作等，培育本土一流人才；优化师资队伍结

构，院士和教学名师领衔，由国家级人才、海内外学术大师、业界杰出人才、产业一线专家组成产研结合的师资队伍。组建课程教学团队、科研创新指导团队、产业实践教学团队，创新教学团队运行模式。

名师引领，打造优质教学载体。由院士等高端人才增开学科交叉融合、智慧农业类选修课和学科导论、新生研讨课等学科前沿类课程，增加选修课、实践课、英文课等课程门类并增大其比例，构建学生个性化、多元化培养的课程体系。打造国家级课程和规划教材、科普读物等，推动教研产融合。

三、创新教研产协同平台，厚植卓越人才成长沃土

创建国家级科研、教学、国际合作和生产实践大平台。支撑本科生从实验室到田间、从国际前沿到产业一线的所有研究和创新创业项目，培养学生创新能力、实践技能和国际视野。创建国家重点实验室、虚拟仿真实验教学中心、国际农业联合研究中心、中外联合研究中心等，制定科研—教学—生产平台协同运行管理办法。

创新人才科研素养和国际化视野的培养过程。设计了本科生全学程"导师+项目"科研素养培养模式，对于导师承担的国家级科研项目、国际合作项目、产业一线小项目等，学生分年级分阶段自主选择进行研究。学生定期到大型农场、种植基地等产业一线开展专业实践实战、创新创业训练。组织学生赴国内外著名高校访学3～12个月；暑期邀请海外名师开设专业选修课；定期举办专题讲座和研讨会，拓展学生国际化视野，提升学生交流能力。

在新培养理念指导下，研究创建"名师引领 五联驱动 三有三强"的植物保护卓越人才培养体系并进行实践应用。

"名师引领 五联驱动 三有三强"植物保护卓越人才培养体系构建与实践在以下3个方面进行了创新。

一是提出"需求导向，追求卓越"植物保护卓越人才培养理念。围绕国家对新农科人才的需求，设计思想铸魂、课程强基、实践赋能的人才培养思路，依托植物保护一流学科优势和名师团队、东南窑学科文化，以"思政+课程+科研+实践+访学"五联驱动模式，培养"有情怀、有知识、有眼界，强创新、强实践、强沟通"的"三有三强"卓越人才。

二是打造一流师资队伍、教学团队、一流课程、一流平台，提升卓越人才培养质量。通过"内培+借智+外引"，打造了同时拥有全国高校黄大年式教师团队、国家

级教学团队、国家级人才的师资队伍；通过名师带动引领，建成了 10 门次国家级一流课程、课程思政示范课程、精品课程、精品资源共享课、双语教学示范课、视频公开课；将植物保护专业发展为国家一流专业，创建了国家重点实验室、野外观测站、植物保护虚拟仿真实验教学中心、旱区作物病虫草害绿色防控国际农业联合研究中心及校外各类推广试验示范站等教研产平台，形成了功能互补、种类齐全的优质教学资源。

三是创建了"名师引领 五联驱动 三有三强"的植物保护卓越人才培养体系。通过思想引领与专业教育相结合、理论教学与学科国际前沿相结合、实践技能培养与产业一线相结合、国内培养与国外交流相结合、现实与虚拟相结合实施"五联驱动"，培养了大批"三有三强"卓越人才。创建的卓越人才培养新体系被国内多所高校借鉴应用，示范引领作用显著。

华中农业大学:"四循环"一体培养兼具 "两家"素养的牧医领军人才

赵书红 等

畜牧业是关系国计民生、实现乡村振兴的战略性产业,兽医行业是保障人与动物健康及公共卫生安全的基石。华中农业大学畜牧学科历史悠久,为中国畜牧业培养了大批高层次人才。面对新时代畜牧业未来领军人才培养的困境和迫切需求,以陈焕春院士、赵书红教授为代表的一批科学家始终坚守为党育人、为国育才的初心,始终坚持让中国畜牧兽医科学、技术和产品在全球竞争中占据领先地位的追求,提出"科学家+企业家""两家"融合育人理念(见图 V-3),探索出"四循环"育人模式,针对牧医专业研究生培养中"研究选题脱离行业发展需求,针对性不强""服务企业的实践创新能力不足""产教融合不深,研究生在科研与产业平台轮转培养不够"等问题,依托 2005 年"牧医高层次拔尖创新人才培养模式研究与实践"等教改

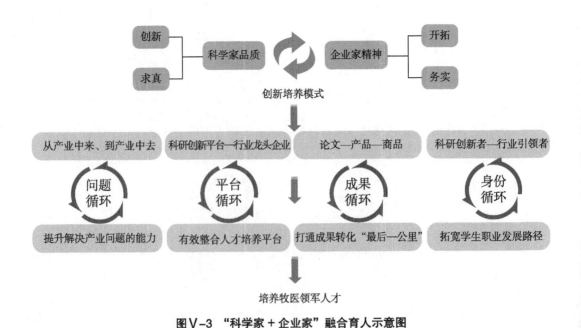

图 V-3 "科学家+企业家"融合育人示意图

项目，聚力"四个面向"，厚植研究生"三农"情怀，构筑育人平台新高地，改革学位授予标准，开展有规划的人才培养和有组织的产业问题攻关。"课题遴选、平台轮转、成果转化、创新创业"为一体的"四循环"培养新模式使"产""教"融合形成发展共同体、平台共同体、价值共同体、责任共同体，为领军人才培养服务，增强了研究生科研创新和实践创新等核心关键能力，最终达到以人才链的"强"托举产业链的"优"。

一、"从产业中来、到产业中去"问题循环

一是产业问题进课堂。重构培养方案，优化课程体系，将问题意识、科学精神、行业情怀等内容有机融入课程。陈焕春院士开设创业规划等课程思政示范课，新设智慧牧场等产业前沿课程；建立"猪基因芯片育种"等100个科研案例、"一支疫苗为养殖户减损几亿元"等100个创业案例，激发学生创新创业热情；引入21位外籍教师开设动物流行病学等全英文课程18门，拓展研究生科研视野。

二是论文选题源于产业问题。连续20年举办全国种猪拍卖会、全国猪病净化研讨会等，掌握最新产业需求；联合龙头企业构建行业需求课题库，筛选产业问题、凝练科学问题，组织研究生梯队靶向攻关。

三是研究成果解决产业问题。深入开展畜牧场规划设计、新型疫病防控等研究，认可规划设计等为论文主要内容，形成案例分析报告、产品研发方案等成果，解决一线问题。

问题循环使研究生直面"打造猪业'中国芯'""减少中国人畜共患病"等难题，厚植"人才立国、科技强国、产业兴国"家国情怀，增强兴农强农本领。

二、"科研创新平台—行业龙头企业"平台循环

一是一流科研平台激发创新潜能。依托国家家畜工程技术研究中心、农业微生物学国家重点实验室等8个国家级、9个省部级科研平台和3个国际合作基地，全部研究生开展理论和技术创新研究。

二是依托龙头企业平台提升实践能力。与中粮集团有限公司等25家企业共建实践基地，遴选139名企业高管担任行业导师，年均选派15名校内导师兼任企业高管，所有专硕进入基地开展项目实战。与企业持续合作25年，设立扬翔班、科前班等开

展订单式培养。

三是建立平台轮转运行机制。将平台轮转作为必修环节，制定《专业学位研究生专业实践考核管理办法》等多个培养细则，组织研究生在科研与企业平台、多个企业平台、动物医院多个科室进行平台轮转。

平台循环打破了校企空间藩篱，形成"产""教"平台共同体，有效衔接研究生在科研平台与产业平台的实践创新能力培养，拓宽了研究生创新视野。

三、"论文—产品—商品"成果循环

一是成果孵化锻造创新能力。行业导师全程参与研究生培养，及时发掘具有产业化推广价值的课题，研究生开展后续研究，形成育种芯片、动物疫苗等产品、商品，研究生经历"论文—产品—商品"全过程。

二是转化成果回馈人才培养。完善成果转化激励机制，成果转化经费70%用于研究生培养；北京大北农科技集团股份有限公司等知名企业设立44项研究生奖学金，优秀毕业生捐资1 700万元设立焕春基金，用于奖掖后学、培育牧医新一代，80%以上研究生受益。

成果循环打通科技成果转化"最后一公里"，形成"产""教"价值共同体，真正实现协同育人。

四、"科研创新者—行业引领者"身份循环

一是引导研究生科研创新。立足国家科技前沿，紧抓基础研究创新源头，在牵头制定"十一五"到"十四五"国家重大专项的过程中，带领研究生开展生猪育种、疫病防控等科技攻关；依托国家留学基金管理委员会国际合作培养项目及"111"引智基地项目等，邀请823人次全球知名科学家来校讲学，全部博士生参与国际交流，扩展了科学研究视野。

二是助推毕业生职业成长。发挥创业楼孵化器功能，通过减免租金、校友资源、技术帮扶等鼓励创业；建立毕业生档案，追踪成长。设立精英再塑班，近五年150余名企业界精英来校再深造攻读博士学位，实施"头雁"计划培训创业者，提供发展新引擎。

身份循环使研究生跨越思维鸿沟，在科学研究和创新创造中不断塑造求真务实与开拓创新的品格，锻造牧医领军人才。

五、"四循环"一体培养兼具"两家"素养的牧医领军人才创新点

通过"四循环"培养新模式，实现理论学习与项目实战紧密结合，在干中学、在事中练，产教真正融合、事实融合，实现研究生学术批判和企业管理双思维培养，科学研究和实践创新双能力增强，人才培养和产业发展双质量提升。"四循环"一体培养兼具"两家"素养的牧医领军人才在以下两点上进行了创新。

（一）创新点一：率先提出牧医领军人才应具备"两家"素养

长期以来，牧医人才培养存在与产业需求脱节、产教融合不深等问题，成果转化面临科研成果转化率低、转化质量不高等困境。以陈焕春院士为代表的一批科学家创办校办企业，将人才培养、科技创新与行业需求紧密结合，经过长期实践提出"科学家应该具有企业家的头脑，企业家应该具有科学家的头脑。"项目组在此基础上开展研究与实践，提出研究生教育要面向国民经济主战场、面对牧医行业转型升级新形势，培养兼具科学家"创新求真"与企业家"开拓务实"素养的牧医领军人才。

（二）创新点二：构建"课题遴选、平台轮转、成果转化、创新创业"为一体的"四循环"培养新模式

论文选题源于产业一线。实施有组织的产业问题攻关和有规划的人才培养，精准掌握行业前沿与产业需求，定向匹配研究团队，组成研究生梯队接续攻关；改革学位授予标准，认可研发类、案例分析类等论文形式，论文选题即为一线问题，解决真问题，培养真人才。

培养平台实现双轮驱动。充分发挥高校知识育人、企业实践育人的双优势，不断完善科研平台建设，建成国内一流畜牧兽医研究基地，持续强化与行业龙头企业的战略合作，形成高效的产教融合运行机制，研究生到企业实践送得出去、留得下来、干得出色。

产教协同形成良性循环。校企双导师紧密合作联合培养研究生，真正实现校企共同招生、共同培养、共同选题、共享成果；产业成果积极回馈人才培养，形成共建共享共赢的良好局面。

身份循环助推持续发展。通过优秀企业家巡讲月、研究生百家企业行、创业支持等，研究生行业认同感强，95%到牧医行业就业创业。设立精英再塑班，提供职业发展新引擎，一批行业精英主动申请来校再深造。

中国海洋大学：依托学科群构建拔尖人才培养跨专业融合机制及其实践

温海深

中国海洋大学在长期的办学实践中，已经形成了独具优势和特色的学科，为推动海洋与水产行业科技进步、培养行业专门人才作出了重要的贡献。学校水产科学与技术学科群形成"水产学主干学科—生物学支撑学科—生态学与海洋学相关学科"递进式构成框架，水产学主干学科作为轴心体现了学科群的总体发展方向，支撑学科和相关学科在思维、技术和方法上进行有效协同。经过4年探索与研究，学校打破固有学科边界，在形成水产养殖专业跨学科、跨院系、跨专业的人才培养模式与机制，探索多学科交叉融合农林人才培养的院系组织模式，建设跨学科跨专业教学团队和科教实践项目平台等方面积累了丰富的实践经验。

一、改革思路

水产学科改革是建立在新知识、新科技、新经济、新产业基础之上的，人才培养是适应并引领产业发展的关键核心，学科作为人才培养和科技发展的载体，必须顺应产业的发展需求，进行创新改革。不同学科之间的交叉融合不是简单的叠加与拼凑，也不是简单的学科跨越，而是基于社会、经济、产业和技术发展的未来需要，在学科之间产生前所未有的内在逻辑关系，促使这些学科在各个方面相互渗透、有机融合，进而形成满足当前和未来需要的新综合学科。新经济背景下的多学科融合的教育形式已成为全球高等教育发展的必然趋势。

根据教育部新农科建设需求，结合我校学科和专业建设布局，围绕"双一流"建设中水产科学与技术学科群核心任务，吸收国际一流大学的人才培养经验，坚持我国办学特色，发挥学科优势，大力推进优秀人才的国际化培养计划，融合水产和生物各本科专业课程体系，按照基础厚实、专业扎实、视野广阔、能力突出的标准，改革水产类专业拔尖创新人才培养模式，建立以学生为中心的混合教学模式，强化国家级实验教学示范中心与重点实验室教学与科研资源共享机制，实施水产特色的"实践出真知计划"，融教学、科研、产业为一体，培养具有创新创业精神和国际化视野的水产科学与技术高层次人才。推动"21世纪蓝色蛋白质计划"实施，掀起"海水养殖新浪潮"，在海洋生物多样性与进化，水产动物遗传育种，饲料蛋白质高效利用调控机制，鱼类疾病的高效免疫保护，现代海水养殖新技术、新方式和新空间等方面有重大突破，为促进海水养殖自动化、智能化与信息化的可持续发展提供人才和科技支撑。

二、具体举措

（一）校内学科与专业融合体系构建

搭建专业建设的融合平台，探索不同专业课程的融合点，促进专业间的融合，构建"水产科学与技术学科群"中跨专业课程主线，以实施"21世纪蓝色蛋白质计划"和掀起"海水养殖新浪潮"为目标，综合布局、整体优化。分类进行4个一级学科和6个专业教学案例筛选，建设生命科学前沿案例资源库，做到学科内实践技术问题的提炼、多种方法探索式解决、比较优化与创新，将实践化思路引入6个本科专业基础课和专业主干课中。专业基础课中的实验以综合与创新实验项目为主，夯实学生对基础知识的掌握，以实验教学示范中心及科研实验室为依托，做到课程内知识体系的贯通和实践应用。专业主干课的实习与实训采用"虚实"结合思路，以"虚拟仿真＋实验平台"方式实现知识的迁移与应用，实现软硬件结合，改进教学方式方法。

（二）构建多学科交叉融合的实训平台

推进校内教学科研实验室资源共享，促进教学方法、方式的转变，打造生命科学前沿实践"金课"，以精品课程建设与教学方法创新推动教学成果转化；强化"虚拟仿真＋实验平台＋实习平台"实践过程，实现技术成果转换。坚持"学生中心，产出导向，持续改进"原则，突出以应用为驱动力，科研教学资源共享，以高质量实验教学提高人才培养质量。具体做法如下：

以2个国家级实验示范中心为依托。打破水产科学、生物科学、生态学、海洋学4个学科和专业界限，整合形成3个实践教学模块，包括水产生物学专业模块、资源与环境专业模块、渔业工程专业模块，构建10个专业功能实验室，建设稳定的跨专业实践平台，共同构筑跨学科实践教学体系。

以 3 个教育部和农业农村部重点实验室为依托。通过创新实验项目、毕业论文等，强化科研能力训练，共同构筑跨学科实践教学体系。

以教育部野外科学观测研究站和部级工程技术中心为依托。强化虚拟仿真平台建设，进行线上线下协同"原理、虚拟、实体"一体化实验实习教学。强化综合实践能力训练，共同构筑跨学科实践教学体系。

以校内外合作企业为依托。国家现代农业产业技术体系相关的事业单位和公司等，作为构建产教融合实践体系核心成员。强化本科生现场实习实训，提升实践教学水平和质量。

国际合作。以联合国教科文组织中国海洋生物工程中心、方宗熙—萨斯海洋分子生物学研究中心、中国海洋大学—美国奥本大学水产养殖与环境科学联合研究中心、中国海洋大学—泰国农业大学海洋与水产科学联合研究中心、中国海洋大学海洋生物多样性与进化研究所为主要依托，通过外国专家授课、学术前沿讲座、短期访学等形式，多渠道多层次参与国际合作与交流活动。探索与澳大利亚塔斯马尼亚大学联合申报本科生国际合作模式，引进国外优质教学资源，实质性提高本科生人才培养的国际化水平。

（三）构建多学科交叉融合的水产养殖学专业课程体系

面对农业全面升级、农村全面进步、农民全面发展的新要求，面对全球科技产业革命的新浪潮，中国高等农林教育"大而不强"，农林专业吸引力不足，以及高等农林教育自身发展的深层次问题与严峻挑战，迫切需要创新发展。在此背景下，2019 年水产科学与技术学科群启动了人才培养方案修改调研工作，通过教育教学大讨论，碰撞思想，达成共识，形成跨学科人才培养环节主要问题解决思路和实施方案。

基础厚实：在学科基础层面课程上，夯实基础。在原有人才培养方案基础上，结合新农科要求，增设了发育生物学及实验、分子生物学及实验、生物信息学等课程，侧重基础知识和基本技能实验项目，主要采取教师在现场授课和亲自指导实验的方法，重点训练学生的基本技能，如观察能力、绘图能力、数据分析能力等，夯实基础。

专业扎实：在原有人才培养方案基础上，结合新农科要求，增设了大数据与渔业及实验课程，结合大数据与信息化发展趋势以及渔业工程方向的工科属性，进行课程建设；考虑国际合作与交流实际需要，增设专业英文课程，由学科群内部高水平团队进行授课，开拓国际视野。在实验课程上，侧重增加综合实验项目，实行以学生预习为主，教师课下指导、现场指导相结合的方式开展课程，以课堂表现和实验报告为主进行成绩考核。

视野广阔：在创新技能层面，在原有人才培养方案基础上，结合新农科要求，增设了创新创业实践类课程，围绕国际和国内高水平生物类学科竞赛项目，扩大预赛人员遴选，提高学生参与度；增设了暑期社会实践与国际游学课程，利用学科群建立的校外实践基地，特别是国家现代农业产业技术体系岗位及综合试验站等基地，开展暑期社会实践项目，推进成果产出；利用学科群建立的4个国际联合中心，通过参加相关学术会议形式，促进学生学术交流，开拓国际视野。

能力突出：在知识应用方面，增设了水产繁育实习和动物营养与饲料成分分析虚拟仿真项目，依托国家虚拟仿真实验教学课程共享平台，结合本校自主建设的水产类虚拟仿真平台，通过"虚实结合＋科教融合"方式促进水产养殖生产实践教学能力升级。

三、创新点

一是依托水产学科群构建深度融合的全新人才培养体系，形成以学生为中心的人才培养模式，以生命科学前沿、信息技术、大数据支撑新时代教育体系，建设多学科互补全新人才培养体系。通过该体系，在方法上注重探究式、协作式、混合式教学；发挥学科群国际合作优势，教学内容与实践与国际接轨，扩大本科生国际视野。

二是推进教学内容与方式的变革。当前，生命科学与生物技术、信息科学与技术等学科在农业研究领域的前沿探索极大地改变了现代农业产业形态，从而对包括水产学在内的农科人才培养提出更高的要求和挑战。为重构知识体系，学校在新的人才培养体系中新增8门相关课程，注重育人方式方法创新，推进智慧教育建设，实现线上线下相融合；推进学习资源重构，扩大数字资源供给，推进"互联网＋高等教育"新形态，提高现代化教学质量。

沈阳农业大学：新时代作物学德才兼备高层次人才培养模式研究与实践

陈温福 等

研究生教育肩负着高层次人才培养的重要使命，中国特色社会主义进入新时代，研究生教育的作用和价值更加凸显。民为国基，谷为民命。高质量的作物学研究生培养是实现农业现代化的重要人才保证。"才者，德之资也；德者，才之帅也。"人才培养一定是育德和育才相统一的过程。本研究充分认识到德才兼备高层次作物学科人才在脱贫攻坚、乡村振兴中的重要作用，提出了"德才兼备作物学研究生是推进农学发展基石"的观点，构建了德才兼备、以德为先的人才培养创新模式。

诠释了新时代作物学研究生德才培养的新内涵。新时代高层次作物学人才培养的原动力是主动面向服务创新型国家建设的需要。因此，从认识到行动，作物学研究生德才培养实现了四个转变：从以受教者德才培养为中心向教育者与受教者德才协同培养的"导学共同体"转变；从狭义的道德教育向全面德育转变，涵盖了思想政治教育、道德教育和学风教育；从单一追求知识创新模式向"四为"服务贡献模式转变；从只管在校阶段教育向培养研究生具有终身学习能力转变。

构建了以德才协同驱动人才培养的双核机制。实行"学校管总（把方向）、学院主建（抓队伍建设）、学科主育（人才培育）、导师一责（第一责任人）"的全方位育人体系；在全面发挥思政课育人主渠道作用的同时，深入挖掘专业课程的思政元素，双线并行，实现了全要素育人；充分发挥导师、辅导员、班主任等校内外所有参与研究生培养人员的育人作用，实现了全员育人；将育人贯穿研究生招生、培养、学位和就业四维度，实现了全过程育人。以"有思有行，有才有为"作为人才培养双核动力，打造新时代农学领军人才。

创建了德才协同培养的科教融合育人模式。通过"五共"，即共识、共建、共担、共治、共享，将作物学科与地方科研院所的智力、平台和服务资源多维度融合构建科教育人模式；以学科方向＋优势作物＋生态区位构建了"研究生＋科技小院＋合作社"服务能力培养模式，在实践中同步思政教育，培养学生的家国情怀、担当精神和新时代使命感，不忘学农初心，坚定强农兴农使命，自觉增强研究动力，在农业强国建设征程中实现人生价值。

新时代作物学德才兼备高层次人才培养模式研究与实践有效解决了如下教学问题：一是作物学研究生培养过程中重才轻德、重德忽才和德才内涵不清、指向不明确的问题。二是德才协同培养机制不畅、各环节耦联不充分，人才培养德才并进效率不高、驱动力不足的问题。三是传统德才培养手段单一，缺乏协同培养有效路径问题。

新时代作物学德才兼备高层次人才培养模式研究与实践在以下四个方面进行了创新。

一、整合教学和科研资源，构建"导学共同体"

发挥思政育人主渠道作用。加开思政选修课，着力推进习近平新时代中国特色社会主义思想进教材、进课堂、进头脑。将思政内容融入专业教育，专业教师人人讲思政，实现为党育人、为国育才。

建立师生"导学共同体"。构建以水稻、玉米、大豆、花生、杂粮和耕作为主的教学科研团队，形成以教学科研团队为单元的师生"导学共同体"，发挥团队育人优势和增强服务国家农业重大需求的能力。发挥制度的约束作用。农学院实施了"强师育人"计划，严格执行 Seminar 等研学制度，制定学院导师聘任与管理规定和学术道德及学术规范管理条例等，实行导师考评与研究生学业水平挂钩。

多形式提升科研能力。"研"字贯穿研究生培养全过程，每一名研究生都进科研平台、科研项目，聘请校内外专家做学术讲座、学术报告，举办技能培训班、学术研讨会、学术演讲竞赛和学术论坛，提升师生的科学素养和研究能力。

二、强化顶层设计，加强过程管理

加强导师队伍建设。组织导师进行政治理论专题培训，提升导师的政治引领力；聘请作物学领域著名专家传经送宝，提升导师的业务指导力；通过引进和自主培养的方式不断壮大导师队伍；出版《什么是农学？》，打造德才兼备育人范本。

注重过程育人管理。用好研究生入学、毕业教育环节，注重在平时作业、翻转课堂和课程论文等课程学习及整个学位论文科研中的一贯表现，加大过程考核比重；定期聘请学科专家和行（企）业技术骨干来校进行学术道德和职业能力教育。

提升治理能力水平。建立农学院研究生教学指导分委员会，发挥农学院党政联席会、学位（术）分委员会在研究生教育改革、导师遴选与考核等环节的作用，及时修订研究生培养标准和培养方案，不断提升研究生教育治理能力和服务水平。

三、构建科教协同育人模式

在省内 4 个地方科研院所建立了科教协同育人基地，构建了基于"五共"的科教协同育人模式。该模式已成功入选教育部新农科研究与改革实践项目，并在全国十余所高校进行了推广应用。

四、搭建提升服务"三农"能力实践平台

为提升服务"三农"能力，农学院在辽北、辽西、辽南各建立了 1 个"研究生 + 科技小院 + 合作社"研究生实践基地。学校设立专门资金，学院负责组织管理，打造了倡导绿色发展、融合生物和信息技术的课程体系，搭建了"五位一体""三方协同"的实践教学模块。

东北林业大学：生态报国守初心 以林育人担使命

杨洪学　　曹阳

东北林业大学认真学习贯彻党的二十大精神，深入贯彻落实习近平总书记关于教育的重要论述，特别是习近平总书记给全国涉农高校的书记校长和专家代表重要回信精神和考察清华大学时的重要讲话精神，紧紧围绕立德树人根本任务，在培养模式创新、学科布局优化等方面深耕实践，为培养"知林爱林兴林"绿色人才，推动高等农林教育创新发展做出积极贡献。

一、纲举目张，构建高水平创新人才培养体系

（一）强化顶层设计，高质量修订新版培养方案

聚焦"五育并举"与特色培养耦合联动，聚力"四新"建设理念引领内涵式发展，出台《东北林业大学关于修订本科专业人才培养方案的原则意见》，厚植思政根基，贯穿质量要求，强化思政育人，深耕特色培养。一是培养方案中设置"5＋X＋1"模式的思政元素实现矩阵，形成包含通用元素、专业类特色元素及学校特色元素的立体化思政体系；二是构建学术型、复合型、科创实践、国际联合四类人才培养模式，完善以通专融合为基础、"科教融汇"与"产教融合"相依托的课程体系；三是完善生态文明人才培养体系，将生态文明实践设为必修环节，形成东林特色培养，实现全覆盖。

（二）推进多元育人，打造人才培养改革新模式

聚力高等农林教育教学改革，扎实推进"一流本科教育行动计划"，以新农科建设为引领，融合新工科和新文科建设，出台《东北林业大学"四新"建设理念引领人

才培养内涵发展实施意见》，持续构建高水平创新人才培养体系，赋能人才培养内涵式高质量发展。一是培养农林拔尖创新人才，充分发挥学校学科优势特色，健全林学类、林业工程类和生物科学成栋班选拔和培养机制，深入推进本研一体化培养。二是持续探索交叉复合人才培养，开展新型辅修专业、微专业建设，增设森林研学与康养等5个新型辅修专业和全球胜任力等3个微专业。三是面向未来，建设未来技术学院，谋定未来10～15年战略科研方向，设置智慧林业、生物质科学与工程、合成生物学等3个战略科研领域方向特色发展专业集群，着力培养学术领军和工程创新人才。四是办好建强奥林学院，搭建奥林联合研究院学术科研平台，成立东北林业大学奥林联合研究院，推进高层次国际化人才培养和国际科研合作，培养学生国际视野与创新精神。

二、高位发展，筑牢高等农林教育教学新基建之基

（一）以质图强，聚焦专业建设

坚持"重塑锻强"，着力打造特色鲜明的"林工交叉、林理交汇、林文交融"的学科专业布局，以更好服务于现代农林业发展。一是优化专业结构。推进农林教育供给侧结构性改革，以林业工程、林学2个一流学科为核心，出台《东北林业大学2023年学科专业体系优化调整实施方案》，优化调整27个专业布局，其中主动停招包装工程、旅游管理等6个本科专业，推进专业升级改造与新建，筹建申报国家公园建设与管理、智慧林业、农林智能装备工程等5个新专业。二是提升专业内涵。26个专业入选国家级一流本科专业建设点，25个专业入选省级一流本科专业建设点，建设点实现了学院全覆盖；15个专业通过工程教育专业认证，通过专业认证数量位居全国农林院校前列。积极开展一流本科专业自评估指导工作，制订学校一流本科专业自评估工作方案，助力专业建设质量的内涵式提升。

（二）锐意进取，深化课程改革

深化农林类一流课程建设，优化重构课程体系，推进教学内容、教学方法及考试方法的改革与创新。一是启动校级核心课程建设，出台《东北林业大学核心课程建设实施方案》，结合不同类型课程特点，坚持分类推进；通过体系化更新教学内容、规范化制定教学文件、标准化建设教学资源、精细化推动教学改革等，全面激发课程体

系深度改革和课程质量大幅提升；学校共有 23 门课程被认定为国家级一流本科课程；88 门课程获评省级一流本科课程。二是数字赋能教育教学改革，发挥校级"学习中心"平台的优势，为教学改革提供有力支撑；推进混合式教学新常态，1 168 门次优质课程开展混合式教学改革；学校入选首批教育部在线教育研究中心教育数字化实践基地；有 87 门次优质慕课上线国家高等教育智慧教育平台，1 门课程上线国际教育平台，2 门课程获评全国第四届慕课教育创新大会暨高校在线开放课程联盟联席会"慕课十年典型案例"；完成"慕课西行"同步课堂授课 7 次。

（三）持续发力，加强教材建设

坚持和强化党的全面领导，持之以恒做好教材工作，守好教材阵地；开展党的二十大精神进教材工作，明确了教材建设管理的正确方向和实践导向。按照"分类指导、多样性、新编与修订相结合、突出重点"的原则，发挥教育资源优势，积极编写高质量农林教材，促进内容更新，不断加强教材建设与管理。一是优化教材建设体系，坚持"凡编必审"原则，分学科专业建立完善了学校教材编写审核专家库，469名专家入库，其中黑龙江省教材委员会专家委员 1 人。二是加强编审选用全链条管理，严把教材政治关、质量关；坚持"凡选必审"原则，开展陈旧教材淘汰更新工作，切实保障教材选用质量。3 部教材获首批"十四五"国家级规划教材立项，54 部教材获省部级"十四五"规划教材立项，75 部教材获校级"十四五"规划教材立项。

（四）躬耕教坛，提升教师能力

加强创新引领，建好建强国家级农林高校教学发展示范中心，构建以"能力提升计划和名师培育计划"为重点的教师梯队培养机制，全面提升教师教学能力。一是构建多层次教师培训体系，开展新教师岗前培训和骨干教师研修，设置思想政治素养提升及师德师风专题模块；成立名师咨询室，建立线上咨询平台，提供教学咨询诊断。二是构建以"名师培育计划"为重点的教师梯队培养机制，开展"成栋名师""成栋青年名师"资助计划，引导教师更加重视教学、潜心投入教学。三是以赛促教提升能力，全面支持教师参加国家、省级等各级各类教学竞赛，推动教学竞赛反哺课堂教学，支撑教育高质量发展。截至目前，学校有国家级教学名师 5 人，教育部课程思政教学名师 18 人，省级教学名师 24 人，全国林业和草原教学名师 4 人，全国高校教师教学创新大赛 2 人获奖。

三、提质增效，推进高等农林教育教学育人新实践

（一）以赛促创，深化创新创业教育改革

将创新创业教育融入人才培养全过程，坚持夯实四梁八柱（四梁：课程、竞赛、文化、实训；八柱：基地、创业园、学院、教师、导师、制度、联盟、学生），重点实施"成栋计划""红松计划""双创计划""蒲公英计划"四大计划。学校初步形成了"意识培养—知识积累—能力提升—成果孵化—价值塑造"主体推进、相融相通的创新创业人才培养生态模式；推进大学生创新训练计划和学科竞赛的有机衔接和深度融合，学科竞赛稳步推进、成绩卓越，已初步形成学科竞赛生态体系。学校连续5年蝉联全国农林类本科院校大学生竞赛排行榜榜首；在《2018—2022年全国普通高校大学生竞赛榜单》本科前300名单中，学校位居第51位，并在"双一流"建设高校中位居第42位。

（二）汇聚资源，推进科教产教协同育人

聚焦多方联动，积极拓展科教产教融合路径，创新办法举措。一是在全国率先实施研究生"支林"计划推免专项，目前已启动两届支林计划，与大兴安岭地区行政公署等11家涉林企事业单位达成合作，派遣林学等相关专业132名学子深入林区一线工作，持续服务区域林业产业转型发展。二是拓展科教产教融合路径。与华大集团开展本科创新班联合培养，目前已连续开展两届共计37人，首届创新班有14人至高水平院校深造，升学率达82%。在首届学生深度参与的科研项目中，有10篇SCI文章在合作期间发表，着力培养一批面向未来的卓越农林科技人才。三是联合相关企业成立多个校企合作培养项目，联合开设"学生专业竞赛""教师挂职""项目观摩"等活动；建立省级现代木工机械智能化产业学院，探索推进"企业—学院—行业"全链条人才培养模式，深化产教融合，帮助学生不断提升解决实际问题的能力。

（三）以林育人，强化生态文明特色实践

学校作为首批国家生态文明教育基地，充分发挥校内帽儿山实验林场、凉水实验林场、森林博物馆等实践基地的育人功能，组织学生开展生态文明主题实践。加强特色实践项目遴选，进一步整合生态文明教育、劳动教育、耕读教育和自然教育，累计

遴选 35 个特色实践项目，着力强化实践育人。生态文明特色实践从 2022 级本科学生开始实现全覆盖，截至目前共开展 16 期，参与学生 5 000 余人次，学生们在森林中观察鸟类、学习植物知识，获得对自然的认识，体验劳动的快乐；在开展过程中注重辐射带动，对兄弟高校开放共享，联合哈尔滨工业大学共同开展，创新做法获得中国新闻网、央广网、新华网等 10 余个主流媒体和平台广泛报道，"学习强国"教育频道首页推荐，形成了铸魂育人、启智润心的东林方案，引起了较好的社会反响，体现行业高校的使命与担当。

四、目标导向，完善高等农林教育教学质量保障新体系

（一）打造质量文化，促进全面发展

聚焦学生学习成果和教师全面发展，以培养知林爱林兴林新型人才和服务农业农村现代化成效为导向，持续推进质量保障体系建设。一是不断健全学校内部质量标准与保障制度，形成"三多两全"（多理念融合、多主体架构、多循环链条、全方位评价、全闭环改进）教育教学质量保障体系，打造具有东林特色的教学质量文化。二是加强教学质量监控，完善以成果导向教育（outcomes-based education，OBE）理念为核心的教学质量监控体系，实施评教与评学相结合制度；以人才培养质量为核心，推进本科教学院部评估、专业评估、课程评估、教师课堂教学质量评价等系列专项评估，持续提升教育教学质量。三是提升教育教学改革研究水平，聚焦质量，积极培育产出高水平教学成果。2022 年，获得国家级教学成果奖两项，实现了学校连续三届获得国家级教学成果奖的突破性进展，并创历史最优获奖佳绩。

（二）改进教师评价，激发育人活力

持续完善教师评价机制，激发教师队伍创新活力，激励教师潜心育人。一是完善教师荣誉体系，制定《东北林业大学本科成栋教学荣誉奖评选奖励办法》，加大对长期坚守教学一线优秀教师的表彰奖励力度，加强教学荣誉引领育人，营造尊师重教良好氛围。二是构建以发展性评价为核心的教师教学能力评价，实施学生评价、同行评价、督导评价、教师自评相结合的教学质量综合评价，形成过程监控与结果评价相结合的课堂教学质量综合评价体系，促进课堂教学持续改进。三是建立以情感为主的柔性管理体系，充分利用各类资源，最大化发挥宣传作用，制作了多部讲述东北林业大

学教师潜心育人、为教育事业无私奉献的优秀短视频，其中《微光》荣获了教育部2023年新时代教师风采短视频征集活动优胜奖，多次被省教育厅、相关公众号转发，逐步形成东北林业大学特有的尊师重道文化氛围。

　　学校将持续贯彻新发展理念，聚焦国家重大战略需求和经济社会发展需要，坚持面向新农业、新乡村、新农民、新生态，凝聚合力彰显学科优势和文化积淀，积极探索高等农林教育改革新路径，着力培养担当民族复兴大任的新时代农科人才。

四川农业大学：以"人才＋科技＋N"构筑科创乡村产教融合共同体

卢晓琳

习近平总书记强调："中国现代化离不开农业农村现代化，农业农村现代化关键在科技进步与创新。"在乡村振兴背景下，基于"人才＋科技＋N"核心理念构塑的产学研深度融合新体系和新样本日渐筑基成形。四川农业大学立足科教育人，深入贯彻落实《教育部办公厅等四部门关于加快新农科建设推进高等农林教育创新发展的意见》，通过"人才＋科技＋N"，聚合科技、人才、资本等要素，持续深化校地企多方合作，不断探索协同育人新模式、新范式。

一、建设举措与成效

（一）全力绘就科创乡村生态地图

以四川省成都市温江区为核心建设 10 个集中示范基地。依托四川农业大学成都校区等，重点建设成都都市现代农业产业技术研究院有限公司（以下简称产研院）、四川农业大学科技园、温江区农高创新中心、科创乡村·川农牛总部园区和农高科创第一村。同时在达州、遂宁、天府新区、眉山、雅安、广安、西昌、巴中、资阳等地建设科创乡村服务总站；依托四川现代农业三园，建成 100 多个天府粮仓与现代种业创新发展示范基地；依托四川乡村振兴示范村建成 1 000 多个科创赋能宜居宜业和美乡村建设示范基地；联动科创校友及行业"头雁"培育 10 000 人。

（二）聚焦现代科创服务业，构筑校地企发展共同体

学校探索构建了以市场为导向的政产学研用"五位一体"合作新体系，整合高校、政府、企业三方优势资源，促进科技服务由分散向集约、由独立向联合、由个体

向整体转变，促进校地资源共享和政产学研用紧密结合，推进院校企地协同育人，推进农业科技创新与成果转化同时发力。

产研院成立于 2017 年 12 月，是由四川农业大学协同成都市科学技术局、温江区人民政府、成都市农林科学院、四川特驱投资集团有限公司五方共建的混合所有制新型研发机构，成立 6 年多来先后获评全国农村创新创业孵化实训基地、国家高新技术企业等 20 余项资质荣誉。聚焦农业科技创新，产研院一头连接高校、一头连接产业，打造协同创新平台，充分发挥了科技创新平台的育人功能，以高水平科学研究支撑创新人才培养，探索出了赋能农业现代化的产学研协作新模式，打造出四川农业大学服务地方的"成都样本"。截至目前，产研院已聚集高端研发团 42 支、乡村振兴服务团101 支、专家教授 189 人，牵头或参与研发项目 72 个，搭建农业协同创新平台 23 个，实现协同育人近 2 000 人。累计开展创新创业活动近 30 场，参与人数近 5 000 人次。累计孵化企业 100 家，其中培育高新技术企业 4 家、科技型中小企业 10 家、规模以上企业 5 家，累计产值突破 10 亿元，并与四川省 100 余个现代农业园互联、互通、互动。

（三）聚焦智慧农业，成立国家智慧农业行业产教融合共同体

为推动智慧农业科技创新与成果转化同时发力，促进产教深度融合，2023 年 11 月，四川农业大学、通威农业发展有限公司、成都农业科技职业学院牵头成立国家智慧农业行业产教融合共同体。四川农业大学作为牵头单位之一，通过搭建产教融合平台，在产教供需对接、行业发展标准制定、人才联合培养、师资队伍建设、应用研究与技术创新等领域与其他单位开展广泛合作，共同推动产教融合共同体的高质量发展。

（四）打造科创乡村·服务总站，创新产业发展集团式服务模式

围绕乡村振兴总体发展目标，发挥学校学科专业、人才、科研技术等优势，学校与雅安市共建雅安四川农业大学新农村发展研究院服务总站，整合科技、政府和资源优势，统筹服务全雅安农业产业发展，深化校地企合作，将学校技术服务工作从"单兵式'作战'"转向"集团式服务"。针对雅安 8 个区县的产业特色，组建了 8 支覆盖全域的产业发展顾问团，围绕主导产业为每个村配备 1 名产业专家，提供陪伴式专家咨询服务。其中，针对名山区产业发展现状，完成了名山区重点乡镇乡村振兴调研和产业发展方案的编写，为每个村开通不同的产业专家热线，并在名山区新店镇新星村和新坝村联片打造市校合作示范项目——科创赋能和美茶乡建设。

（五）重塑品牌 IP 化新模式，促进产业链、人才链、创新链深度融合

1. "川农牛" IP

围绕新农业产业发展需求，依托学校人才和科技优势，借助产研院平台优势，与合作的区域和产业实现互惠互利、共同发展，通过"高科技推动、大平台拉动、牛品牌带动、强链条牵动"形成"四驱联动"的创新发展路径，不断推进"川农牛"IP 发展，持续推进农业产业研发—生产—产品全产业链开发的人才培育，实现产业倒推人才培养。学校建成特色产业工程试点示范基地 40 余个，完成"川农牛"凉山州葡萄、黑水县蚕豆和安岳柠檬等近 60 种农产品的开发及推广，培育和壮大 10 余个特色优势产业。

2. "科创乡村" IP

围绕产业壮大，突破升级路径；围绕区域发展，突破价值重构。充分发挥涉农高校人才和科技优势，通过线上线下双线并行打造"科创乡村"IP。线上全力打造科创乡村数字化共享平台，包括 1 个乡村互联、1 个种业互联、1 个人才互联、N 个产业互联。线下与成都市温江区高山村共建科创乡村—川农牛总部园区，深度践行"三个第一、四链融合"新理念，催生科创乡村新业态。截至目前，已引育科技型企业 20 余家；2022 年完成现代农业三园 CEO 等主题培训 20 余场次，培训学员 6 000 余人次。开发"川农牛"特色粮食品种 4 个。2023 年已经累计收入近 2 000 万元。

（六）构建协同发展模式，展现交叉学科人才优势

学校联合地方政府、园区管委会、平台公司等，依托四川天府新区乡村振兴研究院、崇州现代农业研发基地、新农村发展研究院彭州分院、邛崃种业创新实验室等载体，组建 101 个科技服务团，实现人才链、创新链、产业链、资金链融合发展。重点服务崇州、大邑、东部新区的"天府粮仓"建设、都江堰康养、天府新区现代农业、邛崃种业、天府黑猪、彭州中药材、温江花木、新津天府农博等，并与安岳、德阳、巴南等地现代农业园区紧密合作，初步构建起"科技研发在成都、成果转化在周边"的转化模式，体现了四川农业大学在现代农业产业领域的优势及交叉学科的发展态势。

（七）创建"揭榜挂帅"合作模式，支撑市校企地合作

四川农业大学与秦巴共建四川农业大学新农村发展研究院秦巴分院、四川农业大

学－南江县科创中心。聚焦当地优势特色产业，四川农业大学联合巴中市绿色农业创新发展研究院等 10 余个单位，以"揭榜挂帅"形式遴选出 9 支科技服务团，开展联合攻关。依托秦巴分院，积极参与巴中市农业和农村经济发展，深入推进与南江、通江等地的现代农业合作，打造了一批合作示范基地。在人才培养、科技创新、平台建设等方面取得了显著成效。与中国电信四川公司共建中国电信四川公司—川农大智慧农业创新实验室，通过政产学研用金深度融合，共同研究智慧农业产业化及信息化创新等问题，探索人才发展共享模式，赋能"三农"产业、数字经济等发展。目前已实施"揭榜挂帅"项目 11 个，建设高层次技术团队 11 个，打造智慧农田、智慧种植、智慧养殖、数字乡村四大智慧农业农场应用场景。

二、展望

未来，学校将深入贯彻落实习近平总书记给全国涉农高校的书记校长和专家代表重要回信精神和考察清华大学时的重要讲话精神，全力实践党的二十大报告强调的"三个第一、四链融合"，打好"人才 + 科技 +N"组合拳，在扎实推进农业科技创新和科技成果转化上同时发力，加快培育新农科人才。接续共建科创乡村产教融合共同体、科创乡村·川农牛乡村产业集成服务平台，继续以"聚资源、建平台、创机制、立项目、造样板、树品牌"的发展策略，持续将产教融合向纵深推进，促进教育链、人才链与产业链、创新链有机衔接，为建设教育强国、科技强国、人才强国提供有力支撑。

浙江农林大学："碳中和与农林固碳减排"微专业建设探索与创新实践

王懿祥

发挥农林生态系统固碳减排功能是我国积极应对气候变化、实现碳中和宏伟目标的重要战略举措。2021 年，《中共中央　国务院关于完整准确全面贯彻新发展理念做好碳达峰碳中和工作的意见》《国务院关于印发 2030 年前碳达峰行动方案的通知》等文件发布，党中央、国务院在统筹国际和国内两个大局的前提下对全国"双碳"工作作出了部署，各行各业急需"双碳"类大量相关人才。为此，教育部于 2022 年印发《加强碳达峰碳中和高等教育人才培养体系建设工作方案》，对高校有序开展"双碳"相关学科建设和人才培养提出了明确的指导和要求。2023 年浙江省发展改革委、中共浙江省委组织部等五部门联合印发《浙江省碳达峰碳中和专业人才培养实施方案》，对打造"双碳"人才库提出了明确要求。随着碳达峰、碳中和行动的逐步推进，对农林固碳减排复合型本科人才的需求越来越大，但是教育部普通高等学校本科专业目录里没有设置相关本科专业。如何使具有不同学科背景的本科生快速具备碳达峰、碳中和行业相关的学术素养和相应的从业能力，从而助力区域碳中和，是"双碳"背景下实现人才培养的重要课题。

微专业是高校为了主动适应新技术、新产业、新业态、新模式，基于经济社会发展对人才的需求，通过自设专业开展的一种短平快式人才培养模式，为高校提供了一种复合型人才培养的新路径。微专业是基于学科综合优势，在主修专业的基础上，通过 5 ~ 10 门为一组的专业核心课程学习，使学生具备相应的专业素养和专业能力，从而能够掌握某一岗位群的核心技能并快速达到某一领域的工作要求的专业。值得注意的是，农林领域尚未设置碳中和相关本科专业，条件成熟的高校主动率先开设碳中和相关微专业，探索相关课程体系、知识体系和相关人才培养模式，具有很高的可行性和必要性。

浙江农林大学是我国最早开展碳中和领域科学研究和人才培养的高校之一，在碳中和研究领域不仅起步很早、成果丰硕，而且富有农林特色。为了更好地服务国家

"双碳"行动，为了培养"一精多会""一专多能"的从事碳中和相关领域工作的复合型人才，学校利用林学学科、农业资源与环境等碳中和相关学科优势，于2022年创办了碳中和与农林固碳减排微专业，探索多学科交叉融合的微专业人才创新培养模式和微专业建设路径，试图弥补相关专业人才培养空白，缓解相关用人需求的矛盾，以高效率高质量方式培养面向碳中和农林领域的复合型人才。

一、微专业建设探索与实践

（一）人才培养目标探索

充分考虑新农科建设需求，对接碳中和产业发展的新趋势，兼顾专业与行业的"双需求"，就碳中和与农林固碳减排微专业对在校学生、相关教师、相关企业、相关部门等进行需求调研，提升该微专业建设的科学性与适用性。该微专业围绕国家碳中和战略目标和地方社会经济转型发展需要，实施应用型、特色专业人才培养模式，旨在培养具有碳中和与农林固碳减排综合科学素养，具备跨学科视野与跨领域减排增汇能力，具有良好的生态文明意识和职业道德，能在碳核查、碳计量、碳监测、碳管理、碳交易、碳减排、碳增汇等岗位上发挥碳中和专业技能，适应政府、事业单位、大型企业碳管理的高素质、复合型、应用型专业人才。

（二）基于多学科交叉融合的课程团队建设

微专业建设师资队伍以全国高校黄大年式教师团队——林业碳汇团队为核心，以碳中和学院森林经理学科和农业资源与环境学科为基础，联合经济管理学院农林经济管理学科、数学与计算机学院计算机科学与技术学科的专业教师，邀请北京林业大学等高校教师、国家和省级相关主管部门的高级工程师、企业一线高水平技术骨干和管理人员、学习平台管理人员和技术人员等共同组建成微专业课程群建设团队，下设5个课程组，定期开展教学研讨。教学团队根据职业发展需求，设计并制订培养方案，同时开展慕课建设和课堂教学以及实践指导。

（三）基于能力要素的微专业培养方案构建

微专业课程体系的设置需要兼顾课程数量和知识的全面性，以知识普及为主，尽量避免过深过难的教学内容，以便更好地应对学生知识差异和能力差异以及学习时间带来的挑战。微专业的课程设置要打破现有各专业壁垒，弥补现有本科专业设置的不足，定位为培养"一精多会""一专多能"的从事碳中和相关领域工作的复合型人才。基于多学科交叉融合的特点，探讨构建基于工作过程、培养岗位能力的碳中和与农林固碳减排微专业"131"课程体系，以1门专业基础课、3门专业核心课和1门专业拓展课为主要框架（见表Ⅴ–1）。

表Ⅴ–1　碳中和与农林固碳减排微专业课程体系设计

课程类别	课程名称	学时	开课学期	教学内容	能力目标
专业基础课	气候变化与林业碳汇	12（线下）+20（线上）	第三学期	全球气候变化趋势与挑战、应对气候变化的国际国内行动、林业应对气候变化的作用、林业碳汇概要、碳市场与碳交易	激发学生对微专业的学习兴趣，具备碳达峰与碳中和的基本技能
专业核心课	增汇减排技术与应用	12（线下）+20（线上）	第四学期	陆地生态系统碳汇与碳排放、农田、森林、草地、湿地等生态系统增汇减排技术、农林废弃物资源化利用与温室气体排放、碳捕获、利用与封存技术	对增汇减排有比较全面的认识，初步掌握生态系统增汇减排与CCUS的基本思想和基本技能
	碳汇计量与监测技术	12（线下）+20（线上）	第五学期	林地信息测量、林木林分信息计测、林业碳汇项目计测、区域碳储碳汇遥感监测、碳水通量监测、温室气体清单调查与编制	具备一定的实践动手能力，掌握不同层级尺度、面向不同场景的以林业碳汇为重点的碳汇计测技能
	碳汇经济与政策	12（线下）+20（线上）	第六学期	"双碳"目标、碳减排重点领域及任务、林业碳汇项目开发的成本收益分析、国内外碳市场发展、碳汇供需关系分析、碳汇政策体系	对碳汇经济与政策的基本问题和基本观点有比较全面的认识，初步掌握碳市场的基本思想和基本分析方法
专业拓展课	数智化碳管理与应用	12（线下）+20（线上）	第五学期	数智化碳管理概述、技术基础、数智化碳监测系统、碳交易应用管理系统、碳足迹管理系统、碳普惠管理系统及相关典型案例	了解和掌握不同生态系统的碳循环特征以及增汇减排理论与技术

教学内容不仅要结合碳中和领域岗位需求，为学生的就业或者自主创业奠定基础，同时也要充分考虑不同专业学生的学习能力、发展意愿和学习时间，实现与学生原有专业的充分融合，将该微专业的能力目标分为碳中和基本技能、碳计量监测能力、碳减排增汇能力、碳经济能力、碳管理能力等（见表V-1）。

微专业的学习过程为：选择微专业→4个学期完成培养方案中的课程学习→获得微专业证书。考虑到大学生的学习习惯和专业发展，对大一下学期的学生进行微专业招生，大二、大三两个学年进行微专业相关课程学习，进而激发学生的学习积极性，无论校内学生还是校外学生，在通过课程考核后，都将获得学校颁发的微专业证书。

（四）"从0到1"建设微专业全新线上课程

该微专业的5门课程既没有相关教材，也没有已建好的相关课程，教学资源匮乏。各课程组均组建了一支跨学校、跨专业、跨学科的师资团队，同时聘请企业讲师和行业专家，共同研讨课程教学大纲，共同设计和编写教学内容、教学案例和思政内容。各课程组通过科教融合、产教融合，同时整合相关多个领域的理论、技术、方法和政策等方面的最新发展，编写教学内容和案例。在课程建设时，加强理论知识与思政元素的融合，充分挖掘提炼碳中和中蕴含的思政元素；考虑学生来自各个专业没有相关基础的实际情况，在课程设计上应重实际应用而非复杂理论推导和复杂技术，设计案例分析模块的视频录制，培养学生将理论运用于实际的综合能力，加强探索性、应用性知识的输出；加强线上试题库的建设，增加题库题量、题型，设计灵活多变的考核方式，强调对综合能力的考查。

采取校企联合开发课程的方式，同时基于智慧树平台，根据学习者的学情、课程内容做好模块化教学设计，并与专业技术人员进行沟通，针对微专业课程制作高质量的视频资源，组建了一个多所高校共同参与，资源共享，同时又拥有自身课程优势的微专业慕课资源群。

（五）线上线下混合式教学模式探讨

微专业每年招生一次，利用慕课与平台优势，对该微专业采取线上+线下课堂混合式教学模式，开展专业化、高强度、高水准训练。线上课程主要采用"慕课视频+网络答疑+网络作业和考试"的形式，由学生灵活自由安排时间学习和考核，将互动模块考核纳入慕课最终成绩考核；线下参加老师组织的见面课，师生互动交流学习，汇报课程设计作业，并参加线下小组讨论；学生线下到碳汇实验室参加实践操作技能练习，熟练掌握碳排放核算与碳汇计量及综合应用。通过微专业课程考核后，学生可以获得由学校颁发的微专业证书。

（六）拓宽微专业开放服务路径

数字化转型是高校教育发展的必经之路，也是拓宽微专业开放服务路径的重要基础。将碳中和与农林固碳减排微专业在在线教育平台上运行，课程的视频资源和非视频资源全部在平台上以微专业和课程两种方式进行跨校共建共享。在浙江农林大学招生的同时，打破地域与规模限制开展全国招生和开放服务，打通校际之间微专业和学分互认壁垒，为相关学校培养相关人才。

二、微专业建设初见成效

（一）微专业课程建设初见成效

学校碳中和学院重视跨学科、跨专业教育，2022年探索建立了建设碳中和与农林固碳减排微专业。对微专业的5门课程"气候变化与林业碳汇""碳汇计量与监测技术""增汇减排技术与应用""碳汇经济与政策""数智化碳管理与应用""从0到1"全部建设完成，建设了丰富的线上资源，内含思政要素，保证了线上教学（20学时）以及混合式教学（12学时）。首先，录制了5门课程的视频资源，共232个授课视频2 621分钟，题库中有749道题。其次，录制了实验操作视频以提升学生实践能力。再次，上传资料建设了丰富的课程资源库，供学生扩展学习。

（二）微专业人才培养初见成效

该微专业在校内进行限额招生和培养，采用线上报名先报先得的方式，学生反响热烈，相当一部分学生由于人数限制没能报进来，2022年和2023年均招满限额人数70人。以2023年为例，招收了测绘工程、地理信息科学、林学、农学、智慧农业、农业资源与环境、茶学、城市管理、环境科学与工程、工商管理、金融工程、生态学、园艺、国际经济与贸易等14个专业的学生。

同步面向全国招生和培养，已有中国美术学院、中国科学院大学、英属哥伦比亚大学等27所学校将其作为微专业成班制校外选课。同时，有227所学校将其作为共享课，已有1.5万人次参与学习。

2023 年探索开展了微专业西行，支持西南林业大学、铜仁学院两所高校成功开设了碳中和与农林固碳减排微专业。

在短短一年半的微专业建设中，培养了一批"双碳"相关人才，取得了一些学术成果。以 2023 年的学科竞赛为例，微专业学生的作品《基于 GIS 的农户林业碳汇交易系统》获得了浙江省第十八届"挑战杯"大学生课外学术科技作品竞赛黑科技专项赛金奖 1 项、作品《山区乡村林业碳汇交易平台》获得浙江省大学生环境生态科技创新大赛二等奖。

三、结语

紧扣国家与行业碳中和人才的迫切需求，学校在相关教学资源匮乏的情况下，以"林业碳汇"全国高校黄大年式教师团队为核心组建了跨学科、跨学院、跨学校的高水平教学团队，打破学科专业壁垒，构建新型跨学院、跨学科专业组织模式，促进学科专业交叉融合和产学研用协同发展，高水平高标准模块化从无到有建设 5 门全新课程，填补了相关专业资源的空缺，创办了全国首个碳中和与农林固碳减排微专业，以智慧树平台为依托，打造"明星课程"，探索了知识、能力、素质"三位一体"的线上线下人才培养模式，通过科教融汇、产教融合提升了学生碳中和专业领域能力，打通了碳中和专业教育与职业需求的"最后一公里"。未来将持续改进线上资源与人才培养模式，为相关行业培养紧缺人才，提升社会和行业对该微专业的认可度。

上海交通大学：服务超大城市都市现代农业 走出综合性大学农科实践育人新路径

王航　杜清清　吕红芝　周传志

实践育人是落实"立德树人"任务的重要方面，是完善育人体系和构建育人大格局的重要载体。教育部副部长吴岩指出要强化协同育人，推进农科教协同、产教协同，对专业进行探索时要让涉农企业、行业和科研院所参与进来。上海交通大学作为综合性研究型大学，立足校情与上海超大城市"大都市、小农业"的特点，围绕上海超大城市都市现代农业发展需求和新农科育人诉求，整合资源，在发挥科技与人才优势的同时，依托新农村发展研究院（以下简称"新农院"），基于农业科技服务的教授工作站特色模式，在农科成果试验示范、转化应用、项目联合攻关、农技培训、规划咨询等为核心的科技服务与支撑基础上拓展育人功能。新农院通过和农业与生物学院等学院联动，打通农科人才培养与科学研究、社会服务职能，为实践育人搭建平台、畅通渠道、共享资源，探索"科技服务—实践育人"的农科协同育人新路径。

一、紧扣内外部需求与诉求整合资源

（一）主动适应新时期农业科技创新需求

上海作为都市现代农业和我国农业科技创新的先行者和引领者，明确以"人才＋科技＋产业"为核心叠加驱动力，目前农村产业升级、三产融合发展等农业农村现代化所需的智慧乡村、无人农场、农业数字化转型、乡村电商、健康养生、休闲观光农业等新业态、新模式的技术支撑和高素质人才短缺，需要科技赋能农业农村转型升级，更需要"下得了田地、进得了实验室"的农业科技工作者和后备人才。

上海交通大学作为综合性涉农大学，学科交叉优势显著，勇于担当社会责任，面对国家和地方战略发展需求，在强化农科基础和应用基础研究的同时，发挥新农院平台作用，整合校内农科、涉农理工学科等专业资源，并作为搭建校地、校企合作的桥梁，吸纳社会需求信息和资源，统筹校内涉农资源和成果开展示范应用、转移转化，促进农业与生物学院与电子信息与电气工程学院、机械与动力工程学院、材料科学与工程学院、设计学院、安泰经济与管理学院等跨院、跨机构的农工、农理、农文团队交叉互动和资源整合，联合开展科技服务和项目攻关，实现信息与资源"引进来"、技术成果与团队"走出去"的融合互促，实施有组织的以问题为导向的科研，更精准地支撑和服务上海农业农村现代化要求，在"松江大米"品种提纯复壮—绿色生产—贮藏加工全产业链、智慧施肥等数字化生产技术、园艺作物生物育种技术、马铃薯主食化加工技术、种养耦合、农村生活污水处理等方面提供了稳定支撑，也为新型适用的农科后备人才技能培养指明了方向，为产教有效融合与协同奠定了基础。

（二）精准把脉创新型、复合型农科人才培养诉求

上海交通大学牢牢把握"培养什么人、怎样培养人、为谁培养人"根本问题，围绕新农科建设和"三全育人"要求，在通识劳动教育基础上，提出并实践"青苗期""拔节期""抽穗期""灌浆期""收获期"五阶段育人理念，有针对性地制订培养方案、配备培养资源，并在实践育人环节构建全景式格局，组织不同年级本科生到企业等生产一线开展走访、调研、社会实践等不同形式的实践活动，以专业赋能学生全面发展。

对标"三全育人"目标，在教育教学方面，以新农科和一流专业建设为契机深化改革，优化学科、专业和课程设置，新增智慧农业本科专业，构建学科平台，推进专业核心、专业任选和实践类课程一体化，在实践类课程方面打造专业劳动、农业劳动、实践劳动、科创劳动"四位一体"。实施以实践目标为导向的育人，强化实践育人，完善农科育人体系。针对实践育人过程中人才培养仍存在的学术志趣不足，行业认知不足，缺少专业长远发展判断力，懂农、爱农意识强化不够，劳动实践、耕读教育等校内外实践基地不足、不稳定、与地方或企业联系不紧密等问题，积极拓展实践育人渠道和充实资源，整合劳动教育师资，规范团队支撑、劳动方案及课程建设，构建劳动教育基地群，通过校内实验场开展行业教育、劳动课程、楼宇活动，校外依托农业科技服务平台搭建的实习实践基地开展劳动实践，使学生真正了解和参与农业生产实际，认识农业科技支撑需求和要求，提升实践能力，适应行业和产业人才诉求。

二、夯实特色农业科技服务平台基础，打通实践育人障碍

（一）教授工作站模式升级探索与实践

学校新农院作为高校农业科技推广服务机构，2006 年在全国高校中率先成立，2013 年获教育部、科学技术部批准建设，并按两部要求不断探索高校参与农技推广服务的创新模式。在上海市农业农村委员会的支持下，与涉农区农业农村委员会共建教授工作站，通过"教授—项目—成果推广"示范推广学校涉农科技成果，助力新农村建设。经过 10 余年探索实践，在梳理总结教授工作站运行经验的同时，针对校地联系不紧密、项目推广不持续、成果不接地气、保障不稳定、产业支撑能力不足等问题，学校新农院要有效融入"一主多元"农技推广体系，在农业部门的指导下，发挥高校的科研与人才优势，与基层农技推广机构共同围绕农技推广目标协同实施推广任务实现共赢。

目前，教授工作站已形成了上海交通大学—区农业农村委员会—区农技推广机构"三位一体"的组织架构，完善了设立、运行、评价等管理制度，通过"首席专家（交大）—常务专家（校区双方）—驻站专家（校区双方）"专家队伍开展农业科技服务。现已在上海全部 9 个涉农区设立了教授工作站，为上海都市现代农业提供全面支撑，"教授工作站"模式获得全国农牧渔业丰收奖（农业技术推广合作奖）。上海交通大学教授工作站信息如表 V-2 所示。

表 V-2　上海交通大学教授工作站信息

名称	地点	成立时间
浦东教授工作站	浦东	2006 年 12 月
闵行教授工作站	闵行	2011 年 4 月
崇明教授工作站	崇明	2012 年 9 月
金山教授工作站	金山	2016 年 4 月
奉贤教授工作站	奉贤	2018 年 3 月
青浦教授工作站	青浦	2019 年 5 月
松江教授工作站	松江	2021 年 4 月
宝山教授工作站	宝山	2022 年 1 月
嘉定教授工作站	嘉定	2022 年 1 月

同时，针对行业内龙头企业的技术需求，与企业共建教授工作室。既通过教授工作站在各涉农区层面提供"面"的农技服务，又通过教授工作室"点"的校企合作攻关技术难题，支撑企业发展，形成点面结合的农科推广服务格局。

通过教授工作站、室的农技推广服务，学校与地方农业部门、涉农企业建立了稳定的合作关系，为新型适用后备人才的培养搭建了实践实习的稳定平台和渠道。

（二）服务模式的功能拓展

进入"十四五"时期，教授工作站根据上海各涉农区农村转型升级、农民增收富裕、城乡融合发展等要求，在以技术推广服务为核心的科技支撑基础上，吸纳新农院都市农业智库团队全面系统地开展咨政服务，启动"沪上都市农业智联计划"，与各区农业农村委员会等相关部门开展联合研究，并依托都市农业智耕社（学术科研型学生社团）、上海交通大学本科生研究计划项目、大学生暑期社会实践项目等，组织各级、各专业学生针对各涉农区需求主题开展系统实地调研、相关分析研究，使学生在社会课堂中学思践悟。

同时，在组织管理上，教授工作站积极梳理各区各类、各领域具备学生实践教育条件和意愿的合作企业和基地信息，向学生培养部门推荐，并了解实践育人需求，遴选适宜的企业或基地后开展劳动教育、实习实践、科普等活动，纳入实践育人课程资源体系，畅通实践教育渠道、拓展校外实践教育资源和空间。在工作评价引导上，教授工作站工作总结中增加"人才培养"板块，明确要求梳理包含学生参与科技服务和试验示范的内容、地点、指导教师或团队名称、参与的学生信息等，通过评价引导各站整合资源发挥人才培养功能，助推学生对当前农业农村的认识和能力提升。

三、主要成效

（一）学生实践教育有组织开展

通过教授工作站为大学生耕读劳动教育、实践实习的空间落实和基地建设搭建桥梁，并建立了稳定的合作关系，更系统地开展实践教育，为学生运用专业知识解决社会实际问题做到知行合一打牢了基础。

例如，依托上海交通大学奉贤教授工作站，奉贤区金汇镇光辉村与农业与生物学院的园艺硕士生党支部签署共建协议，为园艺学科学生全面了解乡村发展、科技赋能产业升级，开展各类主题活动和生产实践课程搭建了平台。奉贤团区委 2023 年"奉信·奉贤·奉献"暑期实践活动吸纳了 5 名农业与生物学院本科生、硕士生、博士生开展乡村振兴推进、乡村社会治理、种植业生产、"三农"工作宣传等岗位实践，在实践锻炼中提高认识、积累实践经验。

依托教授工作站实施的"沪上都市农业智联计划"，由都市农业智库团队指导的 2023 年"富城富农·上海现代化国际大都市农民增收路径"学生暑期社会实践项目，联合各区农业农村委员会等相关部门，陆续在青浦、闵行、宝山、奉贤、崇明、嘉定、浦东、松江等涉农区的典型村开展了系统的调查研究，关注都市农区农民增收的问题与路径。实践团成员来自农业与生物学院和其他学院有意了解"三农"的学生，并纷纷表示通过基层调研促使自身对农村发展，尤其对农村集体经济的长效发展和农民收入构成与增收途径，有了更深入的了解。

（二）学生创新能力得到强化

教授工作站专家团队在提供技术服务的同时积极吸纳学生参与实践，加强对参与科技服务的学生的创新实践指导，在实践中发现问题、分析问题并尝试解决问题，强化学生创新能力，构建了培养—成长—加速全过程孵化链，以科创类赛事为抓手，培育科技创新项目百余项，促进科研成果转化，获得"知行杯"上海市大学生社会实践大赛特等奖 1 项、一等奖 2 项、二等奖 1 项，以及中国国际"互联网+"大学生创新创业大赛等国家级和省部级奖项等多项荣誉，促进学生更"接地气"地创新，促使学生掌握农业农村生产实践所需的技能和能力。

（三）助力科技小院建设

科技小院作为集人才培养、科技创新、社会服务于一体的培养模式，实现了教书与育人、田间与课堂、理论与实践、科研与推广、创新与服务的紧密结合。上海交通大学 2022 年被三部委批准建设的首批 6 个科技小院（见表 V–3）中有 5 个是依托教授工作站建设的，涵盖了作物栽培、动物育种繁育、农田生境修复、智慧农业、农产品加工等领域。教授工作站功能的拓展为研究生培养提供了基础、搭建了专业平台、畅通了渠道，实现了农业科技服务支撑人才的培养。

表 V-3　上海交通大学首批科技小院建设名单

序号	名称	首席专家
1	上海崇明蔬菜科技小院	周培（崇明教授工作站首席专家）
2	上海嘉定葡萄科技小院	王世平（嘉定教授工作站驻站专家）
3	上海嘉定种养科技小院	沈国清（嘉定教授工作站首席专家）
4	上海金山茶叶科技小院	魏新林（金山教授工作站驻站专家）
5	上海金山果蔬科技小院	牛庆良（金山教授工作站驻站专家）
6	内蒙巴盟红驼科技小院	孟和（交大—河院畜禽遗传繁育伙伴研究组交大负责人）

四、下一步计划与措施

（一）筑牢农业科技服务平台基础以健全实践育人体系

结合上海市各涉农区现状与差异化需求，新农院将围绕各区"三农"特点，精准把脉，聚焦教授工作站服务深度和特色挖掘，形成各站"面域服务""特色引领"相结合的服务格局，以"一站一特色"进一步彰显教授工作站作为学校农推品牌的实力，提升科技赋能产业的能级。同时，围绕当前国家和地方重点关注的"卡脖子"环节，整合校内优势资源，凝练聚焦种源农业、智慧农业、绿色生产、农产品深加工等农业科技新赛道和"核爆点"，分主题有组织地凝聚相关研发团队，结合各区农业产业重点方向，联合龙头企业，形成合力支撑产业，促进产业链、创新链的融合，夯实农业科技服务平台体系的高质量构建，并整合校内学科资源，健全校内外劳动教育基地群，助力科技小院建设，赋能实践育人体系，形成协同育人的合力。

（二）探索机制保障"科技服务—实践育人"协同育人

"科技服务—实践育人"协同育人的实施需要适宜的动力、运行和保障机制予以支撑，形成"人才培养—科学研究—社会服务—学科建设"一体化互促联动，有效破解"管理孤岛""职能孤岛"等问题，健全育人体系，更高效地指导学生扎根产业和生产实际，成为懂农爱农的实用人才，建设高质量新农科。

通过校内外人才需求、育人要求的内外部"推—拉"动力机制分析与研判，在日常工作中加强人才培养和农业科技服务管理部门间的信息交互，实现互动式沟通；同时完善科技服务工作评价，激励教师或团队在科技服务的同时促进人才培养；在保障方面通过为农业推广系列教师，尤其是青年教师发展提供空间，激励教师将教学、科研与实践紧密结合，为实践育人提供精准支撑。

上海海洋大学："需求导向、校际协同、国际合作、平台创新"培养一流专业人才

陈新军

海洋渔业资源是重要的生物资源，被誉为蓝色粮仓。海洋渔业资源可持续开发与科学养护、蓝色增长成为世界共识。进入新时代，近海渔业资源生态功能所带来的服务性产业正在形成，远洋渔业成为国家战略性产业，从开发到养护、从近海到远洋成为我国海洋渔业高质量发展的主旋律，我国海洋渔业科学与技术专业（以下简称"海渔专业"）面临着新的机遇和挑战。党的十八大以来，国家提出海洋强国战略，以及新农科专业人才建设，如何重塑新时代专业人才培养目标和规格、构建高质量的专业课程体系和育人平台，使海渔专业人才培养能够契合新时代渔业资源养护与可持续开发和国家远洋渔业战略的需求，培养具有国际视野、家国情怀的一流专业人才，是我国海渔专业转型发展亟待解决的现实问题。

为此，上海海洋大学海渔专业以教育部和上海市教改项目为抓手，立足自身在国内外的优势与特色，在充分考量世界和我国海洋渔业产业与科技发展趋势，以及专业实际情况基础上，基于OBE理念，以重塑新时代专业人才培养目标和培养规格为目标，梳理出我国海渔专业转型发展教育教学中的共性问题，提出了以"十六字方针"（需求导向、校际协同、国际合作、平台创新）为重要抓手来实现培养一流专业人才的新目标，创建了符合时代发展的专业课程体系和育人平台，实现了教育教学的五个转变，即从"学科导向"向"需求导向"的教育理念的转变；从"单个方向"的技术型人才培养向基于"3个专业方向"的复合型专业人才培养的目标和规格的转变；从"单一"专业课程体系向"海渔 + X"交叉融合专业课程体系的转变；从注重学科知识点传授的"以教师为中心"向"培养目标、毕业要求、学习效果"并重的"以学生为中心"的教学模式的转变；从"学校投入"单一教学投入向"学校投入 + 社会投入 + 政府资源 + 校级合作"全方位教学投入的办学机制的转变。

一、需求导向，重塑新时代专业人才培养方案

针对从开发到养护、从近海到远洋的新时代海洋渔业高质量发展重大任务对专业人才所要求的多种能力，我校积极承担教育部和上海市海渔专业教改项目，遵循 OBE理念，提出新时代海渔专业应用型人才培养新目标和新规格，他们应拥有"海渔 + X"的知识新结构，具备资源养护与可持续开发能力，具有国际视野和家国情怀，以及搏浪天涯的素质。为此，在优化海渔专业原有知识体系基础上，通过与信息技术等学科的交叉，新设立海洋渔业技术与信息工程、远洋渔业系统集成与管理、生态渔业工程与休闲渔业 3 个专业方向，新增专业方向任选课程模块，以此为基础重构了新时代专业人才培养方案（见图 V–4）。

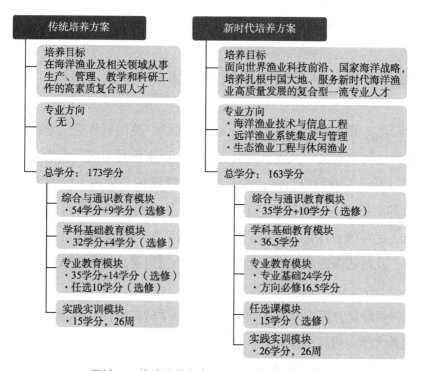

图 V–4　传统培养方案和新时代培养方案概要

课程是实现人才培养目标的载体，高质量的课程是培养高质量人才的关键。对现有课程体系进行梳理，以提升学生知渔爱渔兴渔能力为根本，注重思政要素、新技术、新理论引进。新方案坚持继承、发扬和革新并举，重建专业课程群，淘汰落后过时的课程、新增学科交叉类新兴课程，课程调整率超过 50%：删减了材料力学等专业

必修课 10 门；调整船舶原理与结构等课程 12 门；新增新时代海洋强国论、人工智能基础等 14 门必修课和遥感与地理信息系统等 19 门专业任选课。

二、跨校合作，编写高质量专业教材

依托我校海渔专业在全国同类高校中的领先地位，组织全国 10 所高校牵头成立全国海渔专业协作组。联合全国 9 所高校组建"十三五"海渔专业教材编写委员会，出版《渔业资源生物学》《渔具力学》《渔业 GIS》等系列规划教材 27 部和《地统计学在海洋渔业中的应用》等 41 部教学参考书，并应用于教学实践。深入挖掘专业课程中蕴藏的思政内涵和素材，构建以"海洋命运共同体""渔权即海权"等思想为核心的德育体系，专业课程实现思政元素全覆盖，在课程教育中培育学生知渔爱渔的家国情怀，塑造学生品格、品行和品位。开设专业特色思政课程大国渔业，并配套编写了《渔权即海权——远洋渔业国际履约》《海洋强国论》作为教学参考书。

三、国际合作，创建国际化的育人体系

师资国际化方面，学校长期聘请美国缅因大学、美国麻省理工学院、日本东京海洋大学、新西兰国家水文和大气研究所、澳大利亚南极局等国外大学和研究机构的国际知名专家，开设专业前沿讲座，参与渔业资源评估与管理、生物海洋学等课程教学。专业教师队伍还有一支长期活跃在国际渔业谈判与治理舞台的全国高校黄大年式教师团队（远洋渔业国际履约教师团队），团队所有成员都具有海外学习或远洋渔业实践经历，及时将国际最新渔业科技和管理动态以及为国争取权益的谈判案例带进课堂。

人才培养国际化方面，本科生国际交流从访学转向多样化的理论学习与实习实践交叉，从国外大学向国际组织拓展，从"走出去"向"请进来"拓展，国际化水平不断提升。承接教育部亚洲校园项目，定期选拔本科生参与国际交流和实习，拓展学生视野；连续多年派遣学生搭乘俄罗斯国立远东渔业技术大学"帕拉达"号风帆实习船，开展大洋航海实习；派遣学生前往 8 个国际渔业管理组织及 FAO 实习实践，培养精通国际规则的高素质全球渔业治理人才；培训并派遣学生参与远洋渔业国际履约实践，选拔本科生、研究生担任国际渔业组织渔业观察员，登上公海渔船执行公海渔业监督检查任务。

2020年申报并实施教育部"中非友谊"中国政府奖学金进修生培训项目，为非洲国家培养海洋渔业领域技术和管理人才。两期培训班累计培训非洲3个国家4所高校70余名大学生，促进我国与非洲国家在海洋渔业科技、教育和管理方面的合作。

2021年"国际渔业组织青年人才培训项目"入选教育部"国际组织青年人才培训项目"，邀请FAO官员，外交部、农业农村部官员以及国内外知名大学专业学者授课，2021年以来共举办5期培训班，累计培训10所国内涉海高校和科研院所1 000余名本科生、研究生。2022年起，作为全国59家高校之一，获批实施中国教育国际交流协会"新青年全球胜任力人才培养项目"，2年遴选相关专业80名本科生、研究生参加项目培训与实践，促进创新人才培养，加快培养具有全球视野、国际传播能力和国际竞争力的高层次国际化人才。

四、学科交叉，创建多元化实践育人平台

新建国内首艘远洋渔业资源调查船"淞航"号、亚洲最大渔业工程动水槽、国内唯一海上安全实训中心等大型实践教学平台；新建2个海外、5个国内企业实习基地；承接农业农村部国际渔业观察员培训和派遣任务，成功申报人力资源和社会保障部的渔业观察员新职业项目；牵头成立政府、协会、学校和企业"四位一体"的远洋渔业学院。

基于OBE理念，组建机器鱼工作室，以仿生机器鱼系列创新作品为抓手，以全国性学科竞赛为牵引，以创新型人才培养为目标，构建具有仿生机器鱼特色的创新型人才培养方案和知识体系，培养优秀的创新型人才，实现"三个创新"，即依托水产一流学科，组建独具特色的仿生机器鱼工作室，实现工作机制创新；围绕系列仿生机器鱼的研制，制定"三层"（引导层、滋养层、提升层）仿生机器鱼创新型人才培养模式，实现育人模式的创新；针对全校不同专业的学生，创建"三环"（招收环节、培训环节、竞赛环节）创新型人才培养管理模式，实现管理模式的创新。近3年，学生科创作品先后获得第十七届"挑战杯"全国大学生课外学术科技作品竞赛二等奖等31项国家级、省部级科创竞赛奖项；指导学生撰写并发表科研论文15篇；参与《仿生机器鱼设计与制作基础》教材编写；申报发明专利20项。

五、校际协同，共建共享优质教学资源

为协同推进全国各院校海渔专业建设，共同谋划专业建设发展、共建共享教育教学资源、孵化推广教学改革研究成果、推进学生校际合作培养与培训、全面提升海渔专业建设水平和人才培养质量，2021 年联合全国其他 9 所兄弟院校组建海渔专业协作组，于 2022 年申报并获批教育部海渔专业核心课程群虚拟教研室。

依托教育部海渔专业核心课程群虚拟教研室，推进课程等优质教学资源共建共享。创新教研形态和模式，广泛开展线上、线下教学研讨活动 30 多次，400 余人次参加，如中国海洋大学、大连海洋大学海渔专业 2024 版培养方案修订论证会。在"十三五"海渔专业教材编写委员会工作成果的基础上，加大高质量教材建设力度，组织 10 所高校海渔专业教师制订联合编写计划，其中《渔场学》《鱼类行为学》等 11 部教材入选农业农村部首批"十四五"规划教材。共建共享渔业资源生物学等 13 门核心课程，推进线上课程、知识图谱建设，其中鱼类学、渔业资源生物学、海洋渔业技术学 3 门课程全面建成知识图谱，并同步接入虚拟教研室 B 端平台，面向虚拟教研室成员单位及学生开放使用。

为充分利用和共享各高校优势师资、拓宽学生视野，全国海渔专业协作组一致同意开设专业特色讲座——"海渔大讲堂"，邀请专业领域知名专家为学生授业解惑。此外，借助上海海洋大学国际渔业组织青年人才培训项目，邀请 FAO 官员、农业农村部官员以及国内外高校专业领域知名专家学者授课，并向全国海渔协作组成员单位及其他涉海高校、科研教学院所开放，在落实共享优质师资资源的同时，进一步丰富学生的专业知识，拓宽学生的国际视野。

依托全国海渔专业协作组和教育部海渔专业核心课程群虚拟教研室，上海海洋大学联合兄弟院校在开放共享优质实践教学资源方面进行探索和实践。学校遴选优质实践项目，联合浙江海洋大学开展实践育人试点。一是海洋专业联合实习。2023 年 10 月，上海海洋大学和浙江海洋大学 2020 级海洋专业学生在两校教师的带领下，在上海海洋大学象山科教试验基地圆满完成专业生产实习，取得良好效果。此次实习主要实践内容包括网具制作、囊网选择性试验、渔具海上测试、中国水产城参观等。二是人工智能机器鱼大学生"双创项目"。经过 10 多年的发展积累，人工智能机器鱼设计开发已成为体现学科交叉、培养大学生创新能力重要途径，先后获得国家级、省部级竞赛奖 86 项。在学校机器鱼教师工作室的指导下，两校学生首次合作项目获第十二

届全国海洋航行器设计与制作大赛二等奖 1 项、长三角赛区三等奖 1 项、第二届世界大学生水下机器人大赛三等奖 1 项。

六、教育教学改革持续推进，成效显著

2019 年以来，上海海洋大学积极参与教改项目，推进"上海海洋大学与中西非地区海事大学'国际渔民'培训项目"，承担"中非友谊"中国政府奖学金进修生培训；成功申报并实施教育部"国际组织青年人才培训项目"；获批中国教育国际交流协会"新青年全球胜任力人才培养项目"，作为全国 59 所高校之一，2022 年、2023 年共计 80 名本科、硕士研究生、博士研究生参加培训；出版《渔场学》等"十三五"规划教材 5 部，英文教材 4 部，其他教材 1 部；《渔业导论》等 7 部教材入选农业农村部"十四五"规划教材；获评国家级一流本科课程 1 门，上海市级一流课程、重点课程 7 门，学生科创作品先后获得第十七届"挑战杯"全国大学生课外学术科技作品竞赛二等奖等 31 项国家级、省部级科创竞赛奖项；海渔专业人才培养改革与实践获得 2022 年度上海市教学成果一等奖和 2022 年度国家级教学成果二等奖。

我校在创新型人才培养方面取得显著成效，被新华社等 10 多家媒体专题报道，影响广泛。新华社评论"该创新团队集合了学校流体力学、工程设计、电子通信等多个学科的师资力量，而这样的'课堂'也持续培养出学习能力与实践能力兼具的优秀学生"；《中国青年报》评论："学生在参加科技创新的同时，更培养了家国情怀，在心中埋下一颗成为国之重器的种子"。

河北农业大学:"铸魂 夯基 赋能"新林科卓越人才培养路径探索与实践

李会平　张国梁　贾彦龙

党的二十大报告指出:"教育是国之大计、党之大计。培养什么人、怎样培养人、为谁培养人是教育的根本问题。"如何在高等林业教育中给出这一问题的满意答案是培养新林人的关键。河北农业大学林学院具有 115 年发展历史,学院以"立德树人"为根本任务,传承弘扬"李保国精神""太行山精神""塞罕坝精神",对接生态文明建设、乡村振兴、"双碳"目标等国家战略,探索形成了"铸魂 夯基 赋能"新林科卓越人才培养路径。

一、总体设计

铸魂是根基,建立以"李保国精神"为核心的立德树人体系。夯基是主干,通过重塑以需求为导向的新课程体系和构建立体化递进式实践教学体系,与时俱进地提高学生的专业知识和技能水平。赋能是活力,通过产学研创多元协同与交叉融合给学生赋能,提升学生交叉、创新、合作、表达等综合能力,为现代林业和生态文明建设注入活力。

在夯基和赋能的实践活动中,学生真正去体会、感受林业精神,从而强化学生的爱林情怀。通过"铸魂 夯基 赋能"的反馈循环,解决学生专业思想不牢固、学林不爱林的问题;人才培养与现代林业发展严重脱节,学林不知林的问题;学生综合创新能力不强,学林不兴林的问题,最终培养知林爱林兴林的复合型新林科人才,"铸魂 夯基 赋能"新林科卓越人才树木树人培养体系如图 V-5 所示。

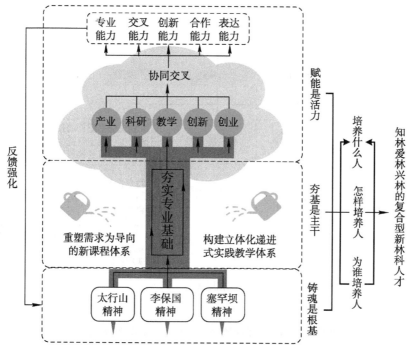

图 V-5 "铸魂 夯基 赋能"新林科卓越人才树木树人培养体系

二、具体举措

（一）精神育人与党建引领"铸魂"，培养学生爱林情怀

河北农业大学林学院是"人民楷模""太行新愚公"李保国生前所在学院，是"李保国精神"的发源地，传承和弘扬"李保国精神"是学院的天然使命。学院深入贯彻落实习近平总书记对"李保国精神"的重要批示精神，坚持把"李保国精神"作为立院之根、育人之魂，在工作实践中，构建了强化一个引领，筑牢三大根基，坚持四级递进的"李保国精神"1+3+4立德树人体系，如图 V-6 所示。

充分利用李保国纪念馆、李保国雕像、李保国团队劳模工作室、党建文化墙、"李保国精神"践行基地等，打造"李保国精神"系列品牌活动，建设包含一馆、一室、一墙、N 基地的"李保国精神+"育人平台。以课堂教学、实践体验和文化熏陶为"李保国精神"育人的主要场景，通过教育、引导、学习、实践，将"李保国精神"内化于心、外化于行。

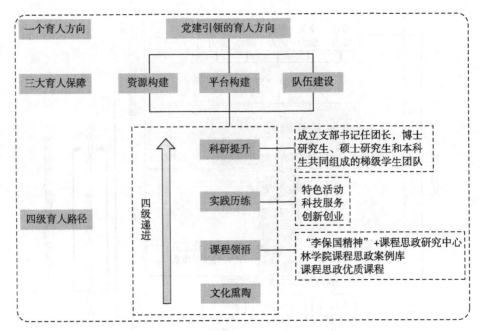

图Ⅴ-6 构建"李保国精神"1+3+4立德树人体系

（二）课程建设与实践教学"夯基"，夯实学生知林基础

1. 重塑以需求为导向的新课程体系

立足复合应用型林业高级专业技术人才培养目标，围绕林业产业链和生态文明建设需求，改革人才培养方案，构建适应现代产业转型升级需求的多元知识结构体系。按"与时俱进，整体优化；以人为本，分类培养；学科融合，注重交叉"的原则，构建了通识教育模块—基础教育模块—专业教育模块—拓展教育模块的课程体系。增设森林康养学、森林认证管理、林业无人机航测、智慧林业、森林碳汇管理与碳计量等课程，将生物技术、现代信息技术和生态文明理论等融入传统课程体系，提高课程高阶性。契合新时期"五位一体"发展理念，按照山水林田湖草沙生命共同体理念，将课程思政有机融入课程内容和教学过程；将林业产业规划、废弃地修复景观重建、林业空间规划数据库构建等专业应用内容与林木育种、森林培育、森林经营、森林有害生物综合防控等专业基础内容相融合，培养能力型智慧林业人才；从而构建人文素养、政治素养、专业能力、智慧自动"四位一体"的课程教学体系。

2. 构建立体化递进式实践教学体系

聚焦人才培养根本任务，坚持以"价值塑造"为核心，以树立生态文明理念、提升专业实践能力和创新创业能力为目标，按"行业导向、技能递进、模块设计、项目驱动"的原则，构建了实验教学示范中心，校内外实习基地，林场、自然保护区、森林公园、林业企业等用人单位，科研实验室，创新工作室多平台，课程实验、课程实习、专业竞赛、专业综合实习、定岗实习、社会实践、志愿服务等多形式，专业基础能力、专业核心能力、专业综合能力、岗位胜任能力、创新创业能力逐级提升的立体化递进式实践教学体系。

2022 年，生态学专业将专业实习改革为生态规划设计大赛，学生分组模拟生态规划的招投标、规划书撰写等全流程，邀请具有丰富经验的规划设计公司的校友全程带领，首次大赛模拟雄安新区的实地规划，2023 年规划大赛对接保定市曲阳县产德镇，将所学的理论知识与实践紧密结合，为该镇的发展建言献策，得到了该地区农业农村局的高度重视和大力支持。

2023 年的暑期实习，林学专业将原有分散的、以课程为单位的课程实习整合凝练，推出了项目驱动的实习改革方案，将全部 16 门课程的实习整合为育种类、资源类、林业技术类、资源调查与分析类、经营与规划类、有害生物综合防治类等 6 个模块，使学生在项目式教学实习中对专业知识有了较为完整的认知。

在塞罕坝机械林场，学生利用整个暑期进行森林多功能经营、高效森林培育、生态抚育、林区经营规划、森林和草原有害生物防治等教学生产实习、社会实践和科学研究，学习 50 年来我校一批批毕业生扎根塞罕坝苦干实干的毅力和品质，践行"牢记使命、艰苦创业、绿色发展"的"塞罕坝精神"。

（三）多元协同与交叉融合"赋能"，提升学生兴林能力

1. 多元协同

构建政府、行业、企业、学校多方协同的整体架构。坚持多方参与确定培养目标、制订培养方案，多方共享教学资源、共事人才培养、共评培养质量。构建由党政领导、产业中坚、企业高管、行业精英共同组成的校外师资库，共同承担教学和实践训练任务。在林场、自然保护区、森林公园等建立"三结合"基地，聘请基地导师，学生在校内和基地导师的共同指导下，在实践基地零距离参加生产活动，直接参与林业工程项目，实现毕业生与岗位的零对接。2023 级林业专硕入学伊始，学院组织全体新生奔赴林场，69 名同学分别被分配到 12 个分场及总场营林科进行为期三周的生产实习，同时根据学生的实际承受能力安排工作任务，在实习过程中也参与林场的各种生产和科研任务。

2. 交叉融合

学科融合：构建由林学、生态学、生物学、信息科学与技术、林业机械、林业经济管理等学科共同组成的"现代林业"学科群，以"林业＋"模式，开设跨专业选修课程，设立交叉研究项目，促进学科交叉融合。利用学院林学、生态学、林业工程学科齐全的优势，构建了林生、林农、林工深度交叉融合的复合型新林科人才培养体系。专业交叉，学科互融，多学科专业知识汇聚，增强创新意识，强化新发展理念。

科教融合：融科研与教学为一体，融知识传授与科研训练为一体。通过教师的科研成果反哺教学，在课程中融入新思维、新知识、新技术，通过本科生导师制，鼓励学生提前进实验室、实验站、林场等实验实践平台，拓宽学生的科技视野，培养学生的创新思维，增强学生发现、分析、解决林业实际问题的能力。学院在一年级下学期将本科生分配到各专业教师，学生在课余时间进入教师的科研队伍，参与科研项目。寒暑假期间，导师组带领课题组内的博士研究生、硕士研究生和本科生同赴科研和实践基地开展科学研究和实地调查，实现本研协同育人。

产教融合：推进产教融合，融产业与教学、知识传授与能力培养为一体。加强与国有林场、经济林产业、木材加工产业、家具产业等企事业单位的合作，通过在企事业单位完成定岗实习、毕业论文、毕业设计等，培养学生理论联系实际的能力，使学生真正认识行业需求和未来发展，将所学转化为所用，推动林业的跨越式发展。以木材科学与工程专业的家具加工机械和木材加工自动化课程为例，在2022—2023学年第一学期的教学中，将来自企业的生产线技术提升点的7个问题作为课程教学项目，解决方案得到了企业的认可，表示解决方案为产线的升级改造提供了技术思路。

专创融合：实行本科生导师制，开放实验室，成立林学院创新创业中心，组成了导师、研究生、本科生一体化创新创业团队，建立创新工作室和创客空间。全面培养创新精神、创新思维和创新能力。实现人才链、产业链、创新链紧密衔接，培养专业扎实、创新能力强和与产业需求契合度高的卓越林业人才。

三、人才培养实施效果

（一）培养了一批优秀林业人

项目自 2016 年实施以来，共培养林学类毕业生 1 872 人，考研率由 34.7% 提升至 51.2%，对口行业就业率提高 11.3%，达到 71.4%，更多的学生愿意留在林业行业工作。林学 1704 和林学 1904 班先后获河北省先进班集体，涌现出了以"全国林科优秀毕业生"李喆、胡志鹏、田春红等为代表的优秀毕业生群体，这些林业人将为京津冀区域和国家生态文明建设作出贡献。

（二）获得了一批奖励荣誉

学院师生积极向上、奋发有为，自项目实施以来在学院、团队、教师、学生等层次获得了一批奖励荣誉。

学院集体获评全国教育系统先进集体、河北省教育系统先进集体、河北省教育系统优秀志愿服务先进单位、李保国扶贫志愿服务队（全国"最佳志愿服务组织"），学院党委获评河北省先进基层党组织。教师团队荣获全国工人先锋号、全国林草科技创新人才计划创新团队、河北省脱贫攻坚先进集体、河北省优秀教学团队、河北省普通本科院校优秀教学团队、河北省研究生课程思政示范课程教学团队等省级及以上团队荣誉 9 项。

教师个人荣获国家高层次人才领军人才、国家林草局教学名师、河北省师德先进个人、河北省创新创业教学名师、河北省林业和草原科技领军人才等省级及以上荣誉 18 人次。学生个人获"挑战杯""互联网+"等双创竞赛省级及以上奖项 49 项，其中国家级 11 项，省级金奖或一等奖 7 项。

（三）获批了三个一流本科专业

在专业建设方面，林学、森林保护专业获批国家级一流本科专业，生态学获批省级一流专业。林学、森林保护专业为首批卓越农林人才教育培养计划改革试点，林学专业为地方高校第一批本科专业综合改革试点。

（四）建成了一批实践平台

在原有 10 个省级及以上实践平台的基础上，新增省级及以上平台 7 个。其中，国家林业和草原长期科研基地 2 个，全国林业专业学位研究生教育指导委员会研究生实践基地 1 个，河北省科技厅技术创新中心、研究院各 1 个，河北省教育厅实践基地、示范中心各 1 个，极大地促进了我院学生实践能力的培养。新增的教学实践平台如表 V-4 所示。

表 V-4　学校新增的教学实践平台

序号	名称	批准部门	建立时间
1	河北塞罕坝森林培育国家长期科研基地	国家林业和草原局	2019 年
2	河北洪崖山林木育种国家长期科研基地	国家林业和草原局	2020 年
3	河北省（邢台）核桃产业技术研究院	河北省科学技术厅	2018 年
4	河北省城市森林健康技术创新中心	河北省科学技术厅	2020 年
5	河北省省级示范性专业学位研究生培养实践基地	河北省教育厅	2020 年
6	"李保国精神＋"研究生课程思政教学研究示范中心	河北省教育厅	2022 年
7	全国林业硕士专业学位研究生示范性专业实践基地	全国林业专业学位研究生教育指导委员会	2018 年

（五）建成了一批优质课程

2018 年至今，共 9 门课程获评国家级、省级课程。其中，3 门课程获评全国林业专业学位研究生教育指导委员会示范公开课，2 门课程获评省级一流课程，2 门课程为省级课程案例库建设课程，2 门课程为省级研究生示范课程。

（六）出版了一批优秀教材

出版教材 12 部，其中"十三五"规划教材 2 部。教材内容涉及测树学、森林水文学、林学类课程实验实习指导、植物图鉴、真菌图鉴等，极大地丰富了理论教学和实践教学内容。

（七）承担了一批教改项目

承担教改项目 11 项，其中省级 4 项，校级 7 项。教改项目涉及人才培养模式创新与实践、实践教学体系创新、创新能力体系、课程思政示范、教学实习改革、专创融合教育等多个方面，为本成果的探索与实践打下了坚实的基础。

（八）发表了一批教研论文

发表教研论文 32 篇。论文内容涉及"李保国精神"价值与传承、林业人才培养体系探索、专业建设、实习实验课程优化等多维度、多层次的教学研究，与教改项目同向同行，助力本成果的探索与实践。

（九）促进了一批科研产出

承担国家级课题 47 项，其中国家自然科学基金项目 17 项，呈逐年增加趋势。发表中国科学院一区论文 32 篇，其中，《自然》（Nature）子刊 2 篇，影响因子大于 10 的 5 篇。获国家林业最高奖——梁希林业科学技术奖一等奖 1 项、二等奖 1 项，教育部高等学校科学研究优秀成果奖二等奖 1 项，河北省科技进步奖一等奖 2 项、二等奖 3 项、三等奖 5 项，河北省农业技术推广奖 2 项。这些科研成果的形成有效地反哺了教学，不仅让学生走进实验室、走进森林参与科研实践，科研的成果也通过在课程中的展示激发了学生学习的兴趣。

（十）参加了大量社会服务

依托承担的 40 余项研究课题，解决了冬奥会场馆周边森林植被景观改造、塞罕坝林场森林质量精准提升、雄安新区"千年秀林"健康稳定、冀东矿山废弃地生态修复等系列关键技术问题，编制并推广国家、行业和地方标准 15 个。牵头制定《白洋淀生态林带建设及淀区绿化规划》等县市相关林业规划 32 个。开展技术培训 50 000 人次，2019 年李保国扶贫志愿服务队荣获全国"最佳志愿服务组织"荣誉称号。教师带领学生参与社会服务，不仅稳固和拓展了实践教学基地，还让学生切身体会了社会实践，增强了社会责任感和行业使命感。

"铸魂　夯基　赋能"新林科卓越人才培养体系建立以来，在林学院林学、森林保护、生态学、木材科学与工程专业进行实践，取得了显著成效，同时受到学校农学、园林、园艺、植物保护、生命科学等专业教师和学生的认可。本模式还在领域内受到高度评价，在林业兄弟院校推广，具有广阔的应用前景。

山西农业大学：深入推进科教融合，
赋能新农科建设高质量发展

李步高　冯晓燕　侯雅琪

党的二十大提出"实施科教兴国战略，强化现代化建设人才支撑"的重要战略决策，强调"要坚持教育优先发展、科技自立自强、人才引领驱动，加快建设教育强国、科技强国、人才强国"，这是首次对教育、科技、人才进行"三位一体"统筹安排，成为国家的基础性、战略性支撑，为新时代我国教育发展、科技进步、人才培养提供了根本遵循。山西农业大学以党的二十大精神为引领，紧紧围绕"国内一流、国际有影响、地域特色鲜明的高水平研究应用型大学"的目标定位，聚焦立德树人、强农兴农的时代责任，面向新农业、新乡村、新农民、新生态，紧抓校院合署改革契机，整合科教资源，扎实推进科教融合，推进新农科建设，促进新时代农林教育综合改革，全力推动教育教学高质量内涵式发展，主动投身脱贫攻坚战略，自觉衔接乡村振兴使命，承担建设生态文明、打造美丽中国的时代重任。

一、合署改革，构建多元协同的融合培养机制

2019年10月，在山西省委、省政府的领导下，着眼山西省高等教育和农业科研改革发展大局，推动学校与山西省农业科学院合署改革，构建新发展格局，学校的办学层次、办学能力实现历史性跨越，全面开启高质量内涵式发展新征程。为加快院所融合，整合育人资源，学校实施"大部制""院办校"改革举措，积极整合教学机构与研究机构，将原校、院两个单位46个管理服务机构整合成为12个大部，构建起"大部制"管理框架，实现"大党委""大组织""大财务""大后勤"组建；实行"院办校"改革，探索二级机构的法人治理模式，设立教学机构22个、直属科研机构19个，赋予试点学院法人治理模式、教育教学、科研管理、人事管理、财务资产等方面充分的自主权，推动管理重心下移，着力建强学院、建优学科，充分激发学院

在新农科建设中的内生动力、增强潜力与发展活力；学校开展基于合署改革的制度创新，构建正向激励和反向淘汰相结合的人才动态管理机制，推动双向流动和渐进有序的岗位转评机制改革，将教师评价的重心转移到教书育人的本职工作上，推动分类考核机制改革，推动绩效优先的薪酬分配制度改革，为引才育才"保驾护航"。着力打造一省一校一院协同育人机制，推进"谷城院"深度融合，与晋中国家农业高新技术产业示范区深度融合发展，与农业高新技术企业、相关科研机构联合成立产业技术创新联盟、协同创新中心等融合平台，实现产学研用高效协同，探索形成了农科教、产学研一体化发展模式。合署改革实现了我校农业教育、科技资源的优化配置，促进了教育、科技、人才工作的深度融合与一体化推进，打造了"农大＋农科院"育人新格局，汇聚了人才培养的强大力量。

二、一体推进，探索优势转化的科教融合育人路径

（一）聚焦学科建设水平，统筹配置科教资源

实现科研实践资源向实践育人的有效转化。在科教融合基地建设方面，构建"学院＋基地"共建共享模式，整合分布于各地市的 10 个直属研究所，打造符合新农科建设要求、遍布不同区域的涉农类特色化综合实践育人基地，探索院所共建"分段分管"的科教融合新农科实践育人体系，建立稳定的实践教学投入机制、实践基地管理制度、实践育人各环节质量标准，完善实践实习"双导师"制等，推动现有科研资源与教育资源从外在"物理重构"转向内在"化学反应"，4 个基地入选山西省首批产教融合创新平台和实训基地。

（二）聚焦一流科教人才队伍，完善人才评价体系

继续大力实施"人才优先、人才强校"战略，坚持按需引才、精准引才，努力营造识才引才用才聚才的良好环境。培育优质师资队伍，加快"双师型"教师队伍建设，修订完善"双师型"教师认定标准，引进科研人员走上讲台，受聘成为学生导师，将科研成果融入教学过程，把科研新思维、新方法、新成果引入教学实践，引入企业导师作为兼职教师，补齐专业实践技能短板。

（三）对接战略需求，优化调整学科专业布局

推进专业供给侧结构性改革与农林类紧缺专业人才培养，优化调整学科专业布局，增强学科专业设置的前瞻性、适应性和针对性，设置建设新专业，改造升级旧专业，打破学科专业壁垒，促进学科融合，新增智慧农业学院、现代种业学院、艺术设计专业、人文与国际教育学院，促进农工、农理、农文、农旅、农商等交叉融合的新农科专业建设，培养复合型人才。

（四）创新人才培养模式，促进科教协同互动

构建完善多类型人才培养体系，推动通专结合、专创融合、本研联动人才培养机制建设，实施公费农科生培养、科技小院研究生人才培养模式，实行转专业、创新创业学分转化制度，开设卓越人才实验班、创新创业先锋班、乡村振兴创新创业实验班。依托9个国家一流专业建设点开展卓越（拔尖）农林人才培养改革试点工作，推进卓越农林人才教育培养计划实施，深化教学模式改革和推进管理方式优化调整，着力培养具有过硬创新创业技能、解决问题能力和产业综合素质的卓越农林人才。对接国家、省经济发展，推进示范性特色学院建设，紧密对接国家战略发展需要，拓宽校企合作路径，将专业实践同企业生产结合起来，与高端研究院、企业协同培养，共建未来基因组学学院、智慧农业学院、现代设施与园艺产业学院、食醋产业学院等9个示范性特色学院，其中4个学院被认定为省级示范性特色学院，3项成果入选全国"校企合作 双百计划"典型案例，学校按照"联企育人"的理念，与企业联合制订专业建设方案、人才培养方案，优化课程体系、开发校企合作课程、实行企业导师制，为本地企业的创新生产注入新鲜能量，形成产学研用深度合作的新型人才培养模式。

（五）聚焦服务产业需求，强化科教服务与成果转化

继续依托科技小院、产业研究院等平台，围绕新兴产业和地方重点产业，深化校地校企合作，着力开展联合攻关，突破困扰地方产业发展的"卡脖子"关键共性技术；不断优化社会服务布局，构建学科链、创新链与产业链互联互通的成果转化体系，完善基础研究、应用研究、成果转化为一体的链式协同机制，推动产业转型升级和新兴产业发展。

（六）强化思政铸魂，夯实立德树人新基石

加强顶层设计，出台《山西农业大学课程思政建设实施方案》，将思政教育有目的、有计划、有步骤地融入专业课程教学，以信息化赋能思政课堂建设，逐渐从"一点一例"向"一课一境""一校一面"转变，以重点马克思主义学院建设为牵引，开展晋中片区大中小学思政课一体化建设，实施思政教育"同心圆"工程，凝聚思想政治教育资源、教育力量和教育环境等要素育人合力，促进思政课程与课程思政的有效融合。打造100门校级课程思政示范课程，培育8支课程思政教学团队，选树了13名课程思政教学名师，评选了8个课程思政示范专业，在全校形成课程、名师、团队、专业"四位一体"的立体化课程思政建设体系，构建了"三全育人"视域下的课程思政育人机制，使课程思政与思政课程同向同行。学校总结课程思政建设成果，出版《耕土耘心——山西农业大学课程思政案例集选》，5门课程入选山西省课程思政示范课程。

（七）勤耕重读，彰显农林育人新特色

聚焦新农科人才培养，通过构建耕读教育实践育人体系，将学生的全面发展融入具体的耕读实践中，全面提升学生的知农爱农素养。"耕土耘心　沃土春华'一体两翼三支撑'耕读教育实践育人体系（见图Ⅴ-7）的构建应用"入选2023年教育部高

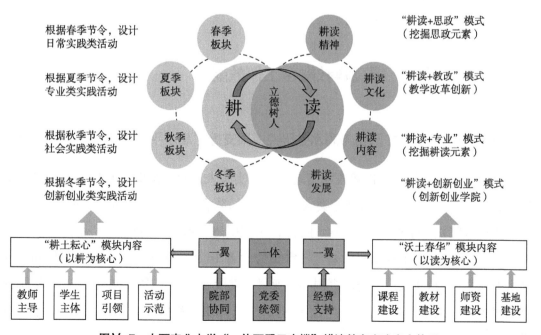

图Ⅴ-7　山西农业大学"一体两翼三支撑"耕读教育实践育人体系

校思想政治工作精品项目，建成黄河农耕文明博物馆，开办耕读讲堂，成立耕读书院，创意推出耕读微课，挖掘耕读教育在新时代的教育内涵，赋予耕读教育在学校教育中的新方式，将学生专业学习与专业实训紧密结合，积极构建"一核两心多点"相互联动的实训总体布局，即以学校校区为核心，以学校综合实验大楼、种质资源创新大楼两个大楼为重心，省内地市区域多点全覆盖，锤炼专业技能，形成良性循环的农业人才培养生态系统。亦耕亦读的教育方式，充分发挥了树德、增智、育美、强体的综合功能，培养了学生素质与能力。

（八）深化开放合作，拓宽协同育人新路径

学校（院）深度融入区域产业链，引导教师"论文写在大地上、研究做在产品中、成果转化在企业里、效果体现在市场上"，与地方政府共同成立了全国首家乡村人才振兴学院，共建了大同黄花、忻州杂粮等 15 个产业研究院，打造了 8 个乡村振兴科技引领示范村。紧扣晋中国家农业高新技术产业示范区（太谷科创中心）有机旱作农业主题，加快整合人才、学科、研究所、实验室等创新资源。同时，积极融入"一带一路"倡议，加入丝绸之路农业教育科技创新联盟，持续推进与美国欧柏林大学长达百余年的合作，与美国、英国、澳大利亚、俄罗斯、泰国等国家和地区的 100 余所高校建立合作关系，实施马达加斯加棉花植棉技术服务与产业基地建设、巴基斯坦特色作物新种质创制与旱作农业技术示范等国际科技合作项目，推动农业人才与科技"走出去"，提高国际影响力。

三、打造品牌，提高科教融合工作效能

（一）以高层次人才队伍与高水平研究成果支撑"高水平研究应用型大学"建设

学校坚持引育并举，构建人才高地，深入实施人才强校战略，坚持全职引进与柔性引进相结合，分层分类引进各类人才，打造梯队合理的人才队伍，引进 14 位院士等担任学术院长（学科建设委员会主任），全职引进"973"项目首席科学家等高层次人才 4 人、"国家杰出青年科学基金"等优秀学者 14 人，国内"双一流"院校和国外高水平大学博士 69 人，引进培育国际欧亚科学院院士等高层次人才 6 人，8 个学院拥有国家级领军人才，高层次人才队伍促进了学校科技创新水平的提升，在高水平的教学科研中培养人才；搭建科研平台，培育科研项目，强化成果产出，学校作为主要参

与单位连续 3 年获得国家科学技术进步奖二等奖，主持 2 项"十四五"国家重点研发计划部省联动项目，2022 年获批国家自然科学基金 60 项，比合署改革前翻一番还多；在《细胞》（Cell）《美国科学院院报》（PNAS）先后发表多篇研究成果。农学、兽医学入选软科世界一流学科榜单，研究生数量比合署前增加 71.2%。植物学与动物学、农业科学、环境与生态学 3 个学科进入 ESI 全球前 1%，在软科大学排行榜中进位 115 名。

（二）以高质量发展服务体系支撑农业科技进步

聚焦最新农业科技发展前沿与产业发展需要，主动融入服务山西省"特""优"发展战略，构建支撑全省农业科技进步发展的政府、学校、农技部门、科研企业、经营主体"五位一体"的系统性社会服务体系，形成政府提供资金支持、学校组织技术推广、农技部门全程参与、科研企业开发市场、经营主体示范受益的服务模式，充分调动各方力量，将农业科研成果和技术与产业需求紧密对接，与太谷区、临猗县共建国家农业科技现代化先行县，选派科技人员至太谷区、临猗县挂职副区（县）长，遴选 41 名农技专家，整合 23 项科技成果，支持先行县示范推广项目 8 个，有力支撑地方生猪、蔬菜、果树等主导产业发展，统筹校内外各方资源，开展乡村振兴示范村建设行动以及实施"特""优"农业高质量发展科技支撑工程项目，探索形成种养结合、生态循环，农林康养、科技示范等乡村振兴模式，主持制定的《晋汾白猪》标准成为国家农业行业标准，为山西省畜牧业的发展提供了高水平技术支撑。面向全省实施"农业产业发展科技引领工程"，推广新品种 284 个、新技术 100 余项，组建 30 支技术推广服务团队，培训各类技术人员、新型职业农民 8 万余人，学校研究成果与农业技术惠及 11 个地市的 52 个县区、80 多家农业企业，广大农业经营主体与农民从中受益。

（三）以高水平育人体系支撑知农爱农新型人才培养

发挥合署改革的资源整合优势，完善人才培养体系，统筹规划新农科建设，制定新农科建设本科行动方案，深入实施人才培养模式创新行动、涉农专业调整优化行动、涉农课程建设强化行动、产学研用协同推进行动、创新创业教育拓展行动、教师职业能力提升行动、教育质量文化建设行动、教育交流合作深化行动等"八大行动"24 项具体举措，推动新农科建设与本科教育教学的系统改革。强化专业建设，打造"金专"，整合合署资源，主动适应新农科建设和农业农村现代化需求，调整优化专业布局，改造提升传统农科专业，推进农科与文、理、工科的交叉融合，打造优势特色专业，推动专业认证与一流专业建设。强化课程建设，打造"金课"，深入推进课程思政与耕读教育，培育"三农"情怀，明确人才培养目标，优化课程体系，更新教学内容，将产业与学科前沿知识、最新科研成果等引入课堂，合理提升学业挑战度、增大课程难度、加大课程深度。强化教师培养，打造"金师"，构建分层分类的教师教学发展体系，充分发挥教师培训积极作用，完善"以赛促教"工作机制，引导教师积极投身教学改革，健全"双师型"教师认定、聘用、考核等评价标准，全面提升教师教书育人专业能力。强化实践育人，打造"金地"，打通科研资源优势转化为教学资源优势的渠道，充分发挥科研机构与企业的资源优势，共建高水平实践教学基地，创新人才培养模式，与企业合作探索"应用型文科"培养模式，构建校企"3+1"育人模式，瞄准未来技术发展、面向区域经济社会发展需求培育建设省级未来技术学院、现代产业学院、专业特色学院，紧密对接农业现代化发展需求，培养紧缺农林人才。强化教材建设，打造"金教材"，坚持推进党的二十大精神入教材，加强教材审核与管理，鼓励教师编写教材，引入最新科研成果与行业发展现状，增强与产业、企业的合作共建。

广东海洋大学：践行科产教深度融合赋能水产双创人才培养

王忠良

一、思政引领，凝练新型双创人才培养理念

广东海洋大学水产养殖学专业践行新农科建设新理念，以课程思政为抓手，实行"党建业务"双带头人负责制，设置党员示范岗，以主题党日联动教学研讨，将红色资源与红色研学教育深度融合，通过"线上面对面，线下点对点"等措施创新课堂内容，激发课堂活力，把知识学习融入精神指引，使学生的知识技能与德行素养有机融合。以"三下乡""青年红色筑梦之旅""扶贫对口帮扶""乡村振兴"等活动为载体，定期组织学生赴贫困地区和农村，用创新创业成果服务乡村振兴战略、助力精准扶贫；定期组织学生走进红色革命老区开展活动，接受思想洗礼、学习革命精神、传承红色基因、增强双创情结。在新农科人才观的指导下，实现思政引领、能力提升和知识传授"三位一体"的人才培养理念。2020年以来，先后获批教育部新农科研究与改革实践项目1项、省级课程思政示范团队1支、省级课程思政示范课程1门。

二、构建进阶式双创项目化教学课程体系

专业课程体系与双创类课程设置有效衔接，专业实践教学与双创实践活动有机融合，构建进阶式双创项目化教学课程体系。其一，双创基础课程。新版水产养殖学人才培养方案中一、二年级开设创新创业教育课程，突出创新意识、理念的培养。其二，双创选修课程。开设市场营销、经济管理等专业选修及实践课程，进行创新创业专业基础知识的教学。在创新概念课程平台上构建专业基础课程，进行专业分方向培养。将双创思维方法和理念贯穿人才培养、课程设置和专业教学的全过程，集中渗透式的双创教育侧重对思维方式和人生态度的培养。其三，双创项目训练课程。针

对三、四年级有大学生创新创业项目、本科学进实验室项目、水族造景大赛、全国生命科学大赛、全国渔菁英挑战赛等训练项目，以及为掌握基本技能设置的基础性实践项目、各级各类创新创业项目、以创新创业孵化基地为平台的创新创业实战和实战演练。以项目为载体，提升学生的创新创业能力。近 3 年，本科生承担国家级创新创业计划训练项目 10 个、省级项目 34 个；组建校级本科生创新团队 7 支；在"挑战杯""创青春""互联网 +"等大赛中，获省级奖项 5 项。2021 年，"紫贝南来——南方高温海域扇贝领航者"项目和"珍珠产业 4.0——引领世界珠宝行业进入新时代"项目分别获得第七届中国国际"互联网 +"大学生创新创业大赛"青年红色筑梦之旅"赛道创意组全国铜奖和全国金奖；2022 年"兴海种业——对虾种业振兴先行者"项目在第八届中国国际"互联网 +"大学生创新创业大赛中获全国银奖。

三、"亚硕模式"激发学生创新能力，培养水产精英人才

依托水产广东省高水平学科建设的契机，结合水产养殖学科应用性强、省级科研平台多、科学研究基础扎实等特点，参照水产学科硕士培养的相关做法，结合卓越人才培养方案，制订"亚硕"水平培养计划，为本科生配备导师，通过"优秀本科生进实验室"等项目，让本科生提早接受学术能力培养和实践技能训练，充当科研助手，激发创新能力，从而把学生培养成为介于本科生与硕士生水平之间的高素质、精英式水产养殖人才。自 2014 年以来，水产养殖学专业通过选课指导、科研训练强化、考研辅导、创新指导、管理培训、创业锻炼、社会实践、师德风尚传播和业绩鼓励等措施，积极开展人才培养模式、课程体系、课程内容、教学模式、教学手段和方法、考试考核方式等改革实践探索，取得了较好成效，人才培养效果显著。近3 年，水产养殖学专业本科生公开发表论文 55 篇，授权国家发明专利 2 件、实用新型专利 8 件；水产养殖学专业硕士研究生录取率屡创新高，从 2016 年的 7.9% 提升到2023 年的 51%。

四、坚持多方联动，建设双创人才培养综合实践教学平台

为更好地对接水产业转型升级、适应水产业技术与理念发展的新趋势、培养具有研究创新能力与创业实践能力的复合应用型人才，以学科专业、教学科研平台及企业的产业实践平台为依托，通过体制机制改革，实现优势互补、资源共享，建成协同育

人基地，开展协同育人。实践平台围绕水产类复合应用型人才培养的核心目标，探索出内涵丰富、特色鲜明的"一二五五五"协同育人模式，形成了多方互动共赢的格局；制定并实施了 2017 年版、2021 年版水产养殖学专业人才培养方案和水产养殖学专业"卓越计划试点班"人才培养方案；组建了拥有珠江学者、教育部新世纪人才等高层次人才的协同育人教学团队 5 支，其中"鱼类增养殖学课程团队""海产无脊椎动物增养殖教学团队""水产动物营养与饲料教学团队""水产经济动物病害防治教学团队"获批省级教学团队；建立了广东省协同育人平台（水产类复合应用型人才协同育人基地）、广东省大学生实践教学基地（广东海洋大学—恒兴农科教合作人才培养基地）等多个综合性的实践教学平台，构建了一站式、立体化、链条式基地实践教学模式。近 3 年，共接纳 15 批次学生实习，实习人数超 400 人，实习总周数达 75 周。

五、产教融合共建现代产业学院，构建校企协同育人新范式

通过"广东海洋大学——广东恒兴集团等共建现代产业学院"项目的建设与实践，实现人才培养目标与社会需求对接、教学内容与生产实际对接、专业实习与求职就业对接，与企业协同树立育人理念、协同制订人才培养标准和培养方案、协同实施专业教学、协同评价人才培养质量，开展"双师型"师资队伍建设、教学科研平台建设、海外实习基地建设以及实践能力和创新创业能力培养，充分整合校企优势资源，建立产学研"三位一体"的协同育人发展模式。现代产业学院项目实施以来，已引进校内外双导师 20 余人，推动 30 项双创项目落地，建立实践基地与平台 15 个，构建 1 个"产业班"人才共育新模式；推进科产教深度融合，教学成果荣获 2020 年第九届广东省教育教学成果奖一等奖。

六、多途径促进双创教学师资队伍建设

通过教师队伍保障、场地经费保障、创业孵化保障、导师指导保障构建"四个保障"师资培养服务体系。建立内培外引机制，选派中青年教师参与行业企业的创新实践；外聘企业家、创业人士、优秀校友作为兼职教师，建设"双师双能型"教师队伍。借助校企联合培养人才项目的良好基础，柔性引进具有行业背景和创业经历的企业高管参与创新创业教育教学。定期组织教师培训、实训和交流，不断提高教师教学研究与指导学生创新创业实践的水平。自 2018 年以来，实施实践类课程一课双师制，

超过 1/3 的专业实践课程教学邀请企业导师深度参与；相继聘请企业高管和技术骨干来校授课，开阔学生视野，进一步提升学生对现代水产养殖业的理解与认知水平，激发学生的专业兴趣及创新思维。

七、建立健全实践教学质量监控与保障体系

结合 OBE 理念，建立健全"青年教师实践能力提升计划""停调课制度""推免生遴选制度"等教学管理及运行管理机制，成立院级教学指导委员会，负责教学计划、教学大纲的制定，将实践能力和创新能力的培养作为双创人才培养的重要发力点。在传统的教学检查、学生评教基础上整体设计质量监控体系框架，遵循质量优先、以人为本理念，完善和创新监控环节，构建集多元监督机制、分类评估机制、考核激励机制、持续改进机制于一体的长效机制，实施专业、课程、教学各环节，教师、学生、管理服务各主体，生产实习、毕业实习、毕业论文等各要素的全方位、立体化、全过程监控，实现过程与结果、监控与改进、评价与监控、内部与外部的有机结合、协同配合，促进实践教学质量监控内循环与外循环的良性互动、相互融合。将学生实践能力、应用能力培养纳入教育质量评价体系，强化应用型人才培养的责任，完善人才培养评价机制。坚持"计划—执行—管理—监控—反馈"实践教学管理模式，围绕教学计划、教学管理、教学运行、教学质量监控等环节不断完善实践教学体系。按照"强化课堂、深化课外、鼓励创新"的原则，不断丰富实践教学内涵。

八、多渠道全方位推广双创人才培养的举措与成效

通过报刊、广播、电视、网络等媒体，积极宣传国家和地方鼓励创业的政策、法规、措施，宣传水产学院推动创新创业教育和促进大学生创业工作开展的新举措、新成效，宣传毕业生自主创业的先进典型。通过组织大学生创业事迹报告团等形式多样的活动，激发大学生的创业热情，引导学生树立科学的创业观、就业观、成才观。2020 年 5 月，"南方+广东教育头条"报道了广东海洋大学珍珠研究团队在广东省科技厅的指导下，充分发挥科研领域的核心关键技术优势，深入基层一线开展科技服务，助力珍珠贝养殖产业复工复产，提升脱贫攻坚实效；2021 年，珊瑚保护团队应邀在新华社国际传播融合平台"全球连线"微视频中出镜。

天津农学院："铸魂为本、实践为纲、融合为要"都市农业应用型人才培养

张民　边立云

2013 年 5 月，习近平总书记在天津考察时指出"希望天津加快发展现代都市型农业"。2022 年 6 月天津市召开第十二次党代会，提出"打造现代都市型农业升级版。"2023 年 2 月 19 日，天津市委、市政府印发《天津市乡村振兴全面推进行动方案》，明确把打造现代都市型农业升级版作为主攻方向，坚持把惠农富民作为根本目的，突出把建设宜居宜业和美乡村作为重点任务，力争在现代化场景下、高质量发展进程中，做好新时代的"三农"工作。

近年来，天津农学院致力于服务国家战略和区域经济社会发展需要，积极融入区域经济社会建设、行业产业发展和农业科技创新及成果转化的系统中，主动把握新技术、新产业、新业态发展需求，从传统的教学、科研、生产实践环节互相衔接，拓展到教学、科研、生产实践与国家导向、社会需求之间协同，但在人才培养方面存在亟待解决的问题：一是价值引领不够，在"三农"教育、服务"三农"意识培养、激发大学生投身"三农"等方面开展的工作，与"一懂两爱"人才培养总要求有差距，在一定范围内存在"学农不干农""两耳不闻'三农'事"的现象；二是培养路径单一，人才培养过程与农业产业技术匹配度不高，知识边界泾渭分明，实践方式受限，产学研融合不足，缺乏培养学生解决复杂问题能力的手段与环境等；三是改革动力不足，传统教育中存在教师创新动力不够、实践能力不强、推动教育教学改革力度不大等问题。

基于此，学校以习近平总书记给全国涉农高校的书记校长和专家代表重要回信精神为指引，聚焦天津打造现代都市型农业升级版对高等农业教育改革发展的新要求，依托"产教、科教'融合共育'都市农业高素质应用型人才的研究与实践""地方高校新型农科人才培养机制创新的研究与实践"等 11 个国家级、市级教改项目进行改革与实践，形成了"思政铸魂引领、实践锤炼本领、多元融合赋能"的人才培养新理

念，提出了"三维融合"（产教融合、科教融合、学科专业融合）专业建设新路径；构建了以农科大类知识图谱为牵引，以农业信息技术、智慧渔业等系列进阶项目式课程为骨架的多学科融合课程新体系；构建"一体两翼三驱动"专业核心能力培养新模式；搭建了产学研训赛创"六位一体"的产科教协同育人新平台和教师潜心教书育人新机制，全方位开展都市农业教育的改革与实践。

一、主要举措

（一）整合显性教育与隐性教育资源，培育学生知农爱农为农情怀

将"三农"意识培养加入入学思想教育中，增强专业吸引力；深入挖掘校园文化优势，开展校园文化艺术节、"三农"知识竞赛、"三农"知识讲座等，宣传农耕文化；建立跨学科、文理渗透的综合课程体系，培养学生的探究精神，渗入"三农"精神等人文学科思想，使学生在了解学科前沿发展动态的同时，培养知农爱农兴农情怀，提高专业认可度；依托学校产学研合作平台，走向"三农"；带着问题走进"三农"，深入乡村开展调查研究；开展科技服务、专业实践、毕业实习等，吸引学生投身"三农"事业。

（二）推进"三维融合"，探索出专业建设新路径

聚焦天津市"1+3+4"现代产业体系，面向产业需求，深化"产教、科教、学科专业"三元融合，对接信创、高端装备、生物医药、新能源等重点产业链，32个子链、48个方向、51个子方向，与链上56家优势企业深度合作，共同制订（修订）培养方案26个，开发课程28门，建立实践基地26个，企业给学生授课24门，真题真做实践项目17个，共建教材7部。立足新经济、新技术、新业态的发展需求，适应产业数字化、智能化、高端化的发展趋势，借助生物技术、信息技术、工程技术，强化技术技能融合交叉，推动专业优化升级；将智能技术、数字技术广泛融入专业教学，促进学生有效学习、深度学习。现持有有效发明专利229件，签订技术转化类合同197项，成交额500余万元。建设了6个国家级一流本科专业，引领了22个市级、校级一流本科专业的建设和发展。完成了15个传统农科专业的改造升级，1个专业通过工程教育专业认证。

（三）递进式梳理出各专业应具备的能力，模拟工作岗位进行实战化培养

以社会需求为导向，借鉴系统集成的思想，梳理出"一体两翼三驱动"型专业核心能力。"一体"指的是专业核心能力培养的主体；"两翼"指两个重要的专业核心能力；"三驱动"指学生还需有"农业科学""专业素养""科技创新"等三个方面的知识、能力和素养作为驱动力。由此衍生梳理出 15 种二级专业能力、15 种三级专业能力。将分散在各门课程中的实验项目整合重组为综合性、设计性实验项目，形成综合性大实验，全程模拟工作岗位，进行实战化训练。系统梳理了每种专业核心能力和课程的对应关系，制定每种专业能力的考核大纲、细则、标准、题库、考核方式（实验操作、笔试、面试、创新创业、毕业论文、导师判定）；学生进行专业能力笔试、面试和实验考核。从入学开始一直到毕业实习和论文答辩，在各个阶段，都有不同的专业老师从专业教育、培养方案解读、能力培养、科研训练、生产实习、创新创业、实习实训、毕业设计等方面给予适时指导帮助，再结合专业导师的全程指导，确保给予学生更多的人文关怀和专业指导。

（四）搭建了"六位一体"的产科教协同平台，着力提升办学关键能力

学校积极发挥面向产业、服务产业办学的比较优势，汇聚行业企业、科研院校等的优质资源，搭建产学研训赛创"六位一体"的产科教协同平台。根据农业产业形态和对技术创新的不同需求，联合农学与资源环境学院、园艺园林学院、计算机学院、工程技术学院共同建设现代农作物种业产业学院，与天津市主要农作物智能育种重点实验室共同支撑项目式课程教学、学生创新创业和学科竞赛。与 56 家优势企业建立长期的技术创新合作机制以及专利开发和转化机制，推进科技成果产业化应用，将产业学院打造成集人才培养、科技攻关、技术服务、智库咨询等功能于一体的产科教融合平台，促进农科教一体化发展。

组建跨学院、跨专业、跨校企的产科教创新团队 11 支，以应用型科技项目为纽带，凝聚产业、学校、社会多元力量，校企联合开展科技攻关、产品研发、技术改造；培养以企业科技副总、产业教授和技术推广型教授为核心的产科教团队带头人 17人；通过企业挂职锻炼创新教师企业实践机制，提升骨干教师的社会服务能力，增强教师基于产教融合、科教融汇的课程适应性理念与能力，促进科研反哺教学。以产科教平台为依托，将科技创新要素有机融入人才培养全过程，建立了以教促产、以产助学、产学互动、学研结合、赛创一体的行动体系，教师将教学、科研、生产、创新创

业教育、科技帮扶融为一体，通过"任务驱动""项目式"等教学方法，师生充分利用寒暑假深入生产一线共同参与农业企业生产及管理实践，在"专业教师＋企业导师"指导下，完成生产实习和实训任务，进行横向新技术、新产品开发等课题研究，开展新产品、新技术、新工艺的开发和创新，把课题研究与课程教学、大学生创新创业项目研究、毕业论文结合起来，解决了企业生产技术难题，改革了农产品生产技术，优化了农业企业生产线，创造了很好的经济效益，实现了科技帮扶、带动就业、服务社会的目标，形成"企业项目进课堂、能工巧匠上讲台、师资队伍下企业、师生作品进市场"的局面，增强了学生服务"三农"的社会责任感。

（五）聚焦人才培养，建立健全保障机制

面向"新路径、新模式、新平台、新机制"的本科教育综合改革，整合政策、机制、制度等方面的资源，建立保障机制。出台了保障人、财、物有序流动和资源合理分配的政策；从党建、思想政治、师资、教学、科研、社会服务等 6 个方面制定了激励和约束性考核评价机制；制定了覆盖教师队伍管理、学生管理、教学过程管理、党务行政干部管理等全方位规范师生行为的制度体系。

二、取得的成效

近年来，学校准确把握国家与地方政府发展现代都市型农业的政策导向，在挖掘学科专业、教师队伍、实验平台等综合优势的基础上，主动寻求与行业企业、科研院所、兄弟院校的深度融合，多维度推进人才培养的改革与实践。

（一）受益面广，成效显著

学校方面：软科中国大学排名、高校校友会排名等高校排名榜单显示，学校从2015 年的第 450 名左右提升到 2023 年的第 320 名左右。2018 年以来，连续两次获评天津市精神文明先进单位。2023 年，获评天津市乡村人才振兴领域先进集体。学校入选教育部首批全国健康学校建设单位。农业农村部对全国 42 个乡村产业振兴带头人培育"头雁"项目 2022 年的实施情况进行了评价，学校排名第四。2019 年 10月，学校作为科技特派员组织实施单位受到科学技术部通报表扬。1 位教授荣获"全国脱贫攻坚先进个人"荣誉称号，21 人次获天津市"扶贫协作和支援合作工作先进个人""脱贫攻坚先进个人""优秀技术帮扶工作者""结对帮扶困难村优秀驻村干部

（技术帮扶）"等荣誉称号。贝类、对虾、蛋鸡、葡萄、萝卜、小站稻6个科技小院获得"中国农技协科技小院"称号。

教师方面：1名教师荣获"全国脱贫攻坚先进个人"称号。3名教师获聘国家现代农业产业技术体系岗位科学家。21名教师获聘天津市产业体系岗位专家，1名教师被聘为天津市特聘教授，1名教师获"津门学者"荣誉称号；1名教师获评全国大中专学生志愿者暑期文化科技卫生"三下乡"社会实践优秀个人，1名教师获天津市"突出贡献专家"荣誉称号；1名教师获"全国优秀教师"荣誉称号，1名教师荣获天津市学校思政课教师年度影响力人物，1名教师获评2023年"天津市普通高校十佳辅导员"，1名教师获"天津市技术能手"称号，7名教师获天津市教学名师奖、9支团队获评天津市教学团队。

学生方面：学生学习由被动接受到主动探索转变；知识教育由单一的学校教育向学校和企业融合共育转变，由单一的学校知识传授向产教融合、科教融合的知识创新转变，由单学科封闭到多学科专业融合转变；能力培养由低阶的专业实训到高阶的综合实验实习实训转变；思维方式由简单验证模仿到设计、创新等多元思维转变；解决问题来源由虚拟题目到企业真实需求转变。学生的知识结构和水平、创新能力和综合素质显著提升，实现了传统农科教育转型升级，引起了国内同类院校的广泛关注，产生了引领和示范作用。一是学生屡获学科竞赛部省级及以上大奖。获得各类学科竞赛部省级二等以上单项奖700余项，团体奖150余项。其中，近四年在全国大学生数学建模竞赛、软件设计大赛等比赛中累计获得国家级一、二等奖76项。二是学生参与创新创业训练项目成果突出。学生依托大学生创新创业训练计划项目公开发表论文612篇，获批专利409项。李静宇等5名学生的大学生创新创业训练计划项目"智能折叠婴儿摇床"，在第十一届全国大学生创新创业年会上获评"我最喜爱的项目"，研究成果被多家企业采用。学生参与大学生创新创业训练计划项目的比例由23%提高到60%以上。三是学生考研率、就业率稳步提升。学生参加考研人数比例由20%左右提高到现在的56%以上。学生考取"211""985"高校的研究生比例由2%提高到8%以上。在当前就业形势比较紧张的情况下，就业率保持在90%以上。第三方调查显示，用人单位对毕业生满意度达到92%以上。四是实践育人成效显著。思源实践团·躬勤助农团队获评天津市"青春心向党，奋进新征程"新时代·实践行系列活动暨"青年红色筑梦之旅"主题实践活动先进集体标兵称号。3名同学获评2022年度天津市"大学生自强之星"，其中学校武梦垚同学荣获2022年度"中国大学生自强之星"荣誉称号。五是毕业生就业创业能力增强。2021年8月，中央电视台《新闻联播》

报道我校藏族毕业生白玛曲珍矢志"三农"，思源奋进，助力家乡发展的事迹。2018级农学专业学生茹曼古丽·卡哈尔获评全国高等学校学生信息咨询与就业指导中心2021年第四届"闪亮的日子——青春该有的模样"大学生就业创业典型人物。农林经济管理专业杨代显扎根农村当村官，服务"三农"带领老百姓发展致富，成效显著，受到习近平总书记亲切接见。

（二）辐射面大，示范带动

学校13次在各类全国性研讨会、教育部高等学校教学指导委员会会议上做专题报告，改革理念被60余所高校的领导、专家高度认可。成果被北京农学院、河北农业大学、青岛农业大学等10多所农业院校借鉴和应用。昆明学院等20余所高校前来调研和交流学习。

（三）关注度高，影响广泛

将研究成果在农林高校会议上与兄弟院校进行了分享，人才培养的做法和成效引起中央电视台《新闻联播》《朝闻天下》、中国新闻网、中国日报网、"学习强国"、天津电视台等网络和平面媒体的关注。

延边大学：新农科背景下农科类创新创业人才"12342"培养体系的构建与实践

徐红艳

教育部在《关于深化高等学校创新创业教育改革的实施意见》中明确提出，深化高校创新创业教育改革，是国家实施创新驱动发展战略、促进经济提质增效升级的迫切需要。新农科建设系列文件明确提出完善农林创新创业教育体系，推进创新创业教育与专业教育深度融合，推进特色化培养模式改革；探索跨学科专业校企合作的培养机制，建设产教融合创新创业教育实践基地，建设专兼职创新创业师资队伍，探索完善以创新创业能力为导向的激励制度，促进学生创新创业能力和综合素养提升。在新理念、新业态、新需求的新农科背景下，如何培养农科类人才创新创业能力成为亟待解决的重要问题。

一、主要举措

自 2013 年开始，延边大学农科类专业（食品科学与工程专业、生物技术专业、动物科学专业）以"地方民族高等院校产学研协同技术创新模式研究"课题为切入点，先后承担教研项目 14 个（其中教育部首批新农科研究与改革实践项目 2 个、省级新农科研究与改革实践项目 10 个），就如何培养学生的创新精神和创业就业能力等进行了探索。2014 年动物科学专业被列为国家卓越农林人才教育培养计划改革试点。在总结前期教学实践的基础上，以培养学生创新创业能力为目标，通过充分调研、反复论证，从课程体系、平台资源、教学模式、师资队伍、长效机制及反馈体系等方面进行改革并获得吉林省教学成果三等奖。

学校通过构建"理论＋实践""课内＋课外"创新创业教育和专业教育深度融合的培养模式，多元协同构建创新创业实践平台，创建特色化实践教学模式，建设创新创业教育支持保障体系，构建了"一贯通、两融合、三协同、四结合、两保障"的创新创业能力培养体系（见图 V–8）。参与创新创业实践的学生数量显著增加，学生的

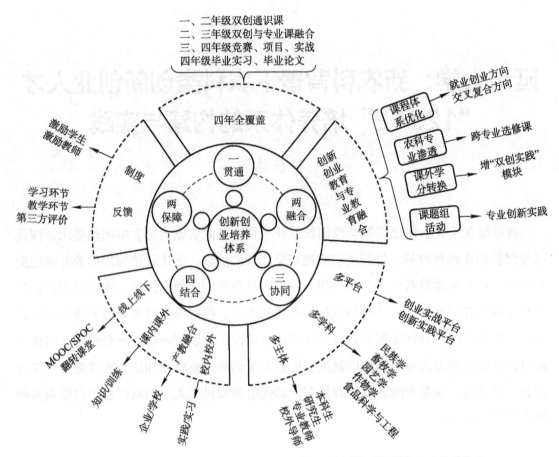

图Ⅴ-8 "一贯通、两融合、三协同、四结合、两保障"创新创业能力培养体系

创新精神、创业意识和创新创业能力明显增强。发表教研论文23篇（核心6篇）；出版专著、教材4部（主编3部、副主编1部）；获奖励与荣誉97项（国家级33项、省级61项、地厅级3项）；获批"国家一流本科专业建设点"等质量工程项目18项；建成吉林省高校一流本科课程1门。成果多次在中国网、中华网及地方媒体报道播出，并被其他高校借鉴，得到同行的高度评价。

主要解决了以下教学问题：一是创新创业教育与专业教育体系融合度不高的问题；二是创新创业训练平台短缺的问题；三是人才培养模式与创新创业教育匹配度低的问题；四是创新创业教育保障机制缺失的问题。

二、解决的主要教学问题及方法

（一）构建"理论＋实践""课内＋课外"创新创业教育和专业教育深度融合的培养模式，解决创新创业教育与专业教育体系融合度不高的问题

一是修订培养方案，将"具有一定的创新创业意识和实践能力"写进培养要求，设置独立的"就业创业方向""交叉复合方向"课程模块，并以省级一流课程为引领，创新课程的理论与实验、实践内容，提高"两性一度"，拓宽学生专业视野，以专业课为载体，开展学生专业创新的初步探索。二是打通大农科专业壁垒，要求学生跨专业选修相关专业课程。三是在实践教学环节增设"创新创业实践"模块，允许学生将项目、比赛成果、论文等折算为学分。四是设置课题组活动，列入 2 学分教学计划，保证学生参加教师科研项目和大学生创新创业训练计划项目。实现双创教育理论与实践的结合、课内与课外的结合，以及创新创业教育与专业教育的深度融合。

（二）多元协同构建创新创业实践平台，解决创新创业训练平台短缺的问题

1. 产教协同，打造校内外创新创业实践平台

建成了校内 8 个国家、省级创新平台。以产学合作为纽带，与 20 余家单位合作，建立了产教融合双创人才培养基地。打造了一批校内外创新创业实践平台。

2. 校地企协同，打造校内外创业实战平台

依托延边大学科技园，学校与延边朝鲜族自治州（以下简称"延边"）中小企业创业孵化基地等政府部门及企业等签订共建双创基地协议。构建校内校外全方位的创业实践体系。依托实战平台的场所、资金、服务，完成竞赛获奖项目的孵化落地，培养学生的创业能力。

（三）创建特色化实践教学模式，解决人才培养模式与创新创业教育匹配度低的问题

1. 基于"创新实践平台＋交叉学科平台＋课题组"，构建科教融合的创新实践教学模式

依托吉林省优势特色高水平"民族特色食品科学与工程"新兴交叉学科平台，引导交叉学科教师开放课题，学生根据课题内容和兴趣自愿申报，按方向组建"交叉学

科导师（兼）+ 交叉学科研究生 + 本科生"的课题组，根据研究任务开放创新实践平台，学生以这种形式参与国家自然科学基金等项目的研究活动，实现了"科研成果转化为教学内容，科研设施转化为学生创新实践平台，科研信息转化为教学信息"的三转化。同时形成本硕联合，高低年级传帮带，跨专业、跨学科的学生团队。激发了学生的科研兴趣，培养了科技创新的能力与素质。

2. "以赛促学、以赛促教、以赛促用"，构建"项目 + 竞赛"的创业实践教学模式

通过第二课堂，以教师科研项目、大学生创新创业训练计划项目、"互联网 +"创新创业大赛、"挑战杯"大赛等项目和竞赛为依托，形成以竞赛内容为载体，技术训练为手段的全开放的实践教学模式，使创新创业的教与学、学与练有机结合，实现了创新创业实践教学的全覆盖。

3. 产教协同，打造高素质双创教育师资队伍

通过双向挂职，构建产教协同的"合作主体"。每年选派 3～5 名青年教师以半脱产形式到企业挂职锻炼、开展技术服务或合作开发，增强教师实践指导能力。同时，引企入校，聘任企业兼职导师，来校授课或担任双创导师，指导学生竞赛或创业实践，补充双创教师队伍。

（四）建设创新创业教育支持保障体系，解决创新创业教育保障机制缺失的问题

1. 以制度为保障，建立创新创业教育的长效机制

学校、学院到专业均制定了强制性、引导性和激励性制度。如培养方案中要求学生修满创新创业学分；鼓励教授结合科研方向开设新生研讨课和培养学生兴趣与创新意识的创新创业类通选课；将竞赛获奖、论文、专利等纳入保研加分项，激励学生开展创新创业活动。将教师指导创新创业学时计入工作量，在绩效考核、岗位聘任、职称晋升中予以体现，以提升教师的积极性。形成了创新创业教育的长效机制。

2. 建立学、教、用多元反馈体系，形成创新创业培养体系的"自新机制"

一是构建学、教、用三主体构成的多元创新创业人才培养反馈体系，包括由课程、实践、实战综合测评组成的学习环节的反馈；由同行评教、学生评教和教学督导组成的教学环节反馈；麦可思等第三方提供的社会对学生创新创业素质的评价。二是依托学、教、用反馈信息，优化培养方案、完善教学管理、持续改进教学。保障了人才培养的达成度和满意度。

三、主要创新点

（一）创建了"12342"创新创业能力培养体系

以培养学生创新创业能力为目标，创建了"12342"即"一贯通、两融合、三协同、四结合、两保障"创新创业能力培养体系。"一贯通"指双创能力培养贯通本科四年；"两融合"指创新创业教育和专业教育的相互融合；"三协同"指培养活动由多平台、多学科、多主体协同；"四结合"指培养过程由产教融合、线上线下、课内课外、校内校外相结合；"两保障"指构建制度、师资与反馈的保障机制。从而使参与创新创业实践的学生数量显著增加，学生的创新精神、创业意识和创新创业能力明显增强。

（二）率先在农科类专业中实现了创新创业教育与专业教育的深度融合

根据专业特点和培养目标，完善创新创业专业教育体系。一是修订培养方案，设置独立的"就业创业方向""交叉复合方向"课程模块。二是打通大农科专业壁垒，允许学生在农科类专业间跨专业选修相关专业课程。三是设置"创新创业实践"模块，完善课外学分转换制度。在实践教学环节增设"创新创业实践"模块，允许学生将项目、比赛成果、论文等折算为学分。四是设置课题组活动。将"课题组活动"2学分列入教学计划，保证学生有充足的时间参加教师科研项目和大学生创新创业训练计划项目。实现了创新创业教育和专业教育的深度融合。

（三）创新了产教协同、科教融合、学科交叉与创新创业实践结合的路径及载体

产教协同建立了吉林省朝鲜族食品产业公共技术研发中心等创新实践平台，以及吉林省特色高水平"民族特色食品科学与工程"新兴交叉学科平台；产教协同打造了校内的延边大学创新创业孵化基地和延边大学科技园，校外的延边州中小企业孵化基地等创业实战平台。通过"创新实践平台＋交叉学科平台＋课题组"的模式，科教融合开展创新实践，以"项目＋竞赛"的模式开展创新创业实践，并在创业实战平台完成孵化落地。创建了特色化实践模式，发展了产教协同、学科交叉、科教融合元素融入创新创业教育的实践范本。

四、推广应用成效

该研究成果于 2014 年起逐步在我校 2013—2020 级食品科学与工程、动物科学、生物技术专业 8 个年级 1 600 多名学生中实施，形成了一套成熟的教学模式，极大促进了农科专业教学质量的提高。现已在我校农科类 7 个专业中推广应用。

（一）学生创新创业意识和能力明显增强

近五年超过 40% 毕业生攻读研究生或出国深造，一次就业率超过 90%。用人单位普遍反映我校相关专业毕业生创新能力强、创业意识强、敢于迎接挑战、适应能力强。本科生参与各级各类项目和竞赛 400 余项，参与人数 1 200 余人，以第一作者身份发表论文 100 余篇，获得第七届中国国际"互联网+"大学生创新创业大赛银奖等各级奖项 200 余项（国家级 71 项、省级 133 项）。本科生创建的电商平台和创业项目分别获 2020 年度"延边电商创新奖"和"延边好物"荣誉称号。

（二）专业"质量工程"建设水平显著提升

成果应用 7 年间，动物科学专业入选国家第一批卓越农林人才教育培养计划改革试点专业，后相继新增国家级工程研究中心 1 个、国家级学科创新引智基地 1 个、国家一流本科专业 1 个；省品牌专业 1 个、省特色专业 1 个、省一流本科专业 2 个；省优势特色高水平学科 2 个；省人才培养模式创新实验区 1 个、省创新实验示范中心 1 个、省级科研平台 3 个；省高校一流本科课程 1 门；省级创新团队 2 支。

（三）研究成果产生较大影响

东北林业大学、吉林农业大学、东北农业大学、沈阳农业大学等曾来校借鉴交流，并给予高度评价。军事医学研究院军事兽医研究所金宁一院士评价该研究成果"特色鲜明、实用性强，依托交叉学科，创新了产教协同、科教融合与创新创业实践结合的路径，符合国家农科类人才培养新要求，为农科类院校新农科人才培养模式改革提供了借鉴"。吉林农业大学刘景圣副校长评价该研究成果"符合新时代高等农业教育发展规律，创新创业教学改革与专业教育深度融合，适应新农科背景下经济发展对人才的需求"。沈阳农业大学前副校长辛彦军评价该研究成果"紧跟新农科建设提出的新要求，人才培养模式及做法处于农科类教育先进水平，对农科类专业的创新创业教学改革具有很好的示范作用"。同时，师生在创新创业教育方面取得的成果多次在中国网、中华网、延边电商、《延边晨报》、延吉新闻网等各级媒体平台上展示和报道，多次在校企联谊会、校企战略合作高峰论坛上做经验分享。师生围绕该成果承担教研项目14个（国家级2个、省级10个），承担国家自然科学基金等项目80余个，发表教研论文23篇（核心6篇）；出版专著教材4部（主编3部、副主编1部）；获各类奖项及称号97项（国家级33项、省级61项、地厅级3项）；研究成果获国家民族事务委员会教学成果二等奖1项、三等奖1项，吉林省教学成果三等奖3项，吉林省高等教育学会高教科研成果二等奖2项。

新农科大事记（2023—2024）

▶ **2023 年 6 月，第三届全国高等农林院校课程思政建设研讨会举办**

此届研讨会由全国高等农林院校课程思政联盟主办，东北农业大学承办。研讨会围绕"促进课程思政高质量发展，加快推进新农科建设"主题展开交流，分享研讨了课程思政建设的创新改革举措与成功做法。教育部高等教育司二级巡视员张庆国，黑龙江省教育厅二级巡视员丁哲学，联盟理事长、华中农业大学副校长青平，东北农业大学校长付强、黑龙江省教育厅高教处处长孙世钧等参会交流。

（来源：新华社）

▶ **2023 年 7 月，高校支撑服务农业农村高质量发展现场座谈会召开**

教育部党组书记、部长怀进鹏调研中国农业大学，主持召开高校支撑服务农业农村高质量发展现场座谈会并讲话。北京市委常委、市委教育工委书记游钧出席并讲话。中央主题教育第五十四指导组成员参加座谈会。

（来源：中国教育新闻网）

▶ **2023 年 8 月，高等教育农林类专业认证标准第一次研讨会在南京顺利召开**

此次会议由全国新农科建设中心主办，南京农业大学承办。来自教育部教育质量评估中心、中国农业大学、西北农林科技大学、华中农业大学、北京首农食品集团有限公司等单位的 30 余位专家参加了研讨会。研讨会中，全体专家就高等教育农林类专业三级认证体系、认证标准、实施方案及后续工作展开了热烈讨论，并在一级、二级、三级认证标准的指导思想、运行机制、标准要求等方面达成了共识。

（来源：全国新农科建设中心）

▶ **2023 年 9 月，高等教育农林类专业认证标准第二次研讨会在武汉顺利召开**

此次会议由全国新农科建设中心主办，华中农业大学承办。来自教育部教育质量评估中心、中国农业大学、西北农林科技大学、华中农业大学、北京林业大学、南京农业大学、中国海洋大学、华南农业大学、四川农业大学、东北农业大学、东北林业大学、上海海洋大学、中山大学、山东大学等单位的专家 30 余人参加会议。此次会议为第二次会议，与会专家在第一次会议形成的认证标准多方面共识的基础上开展深入研讨，确定了高等教育农林类专业认证标准框架，研究制订了农林类专业三级认证工作方案。

（来源：全国新农科建设中心）

▶ **2023 年 9 月，《全国新农科建设进展报告（2022—2023）》正式出版**

《全国新农科建设进展报告（2022—2023）》重点聚焦耕读教育实施，从耕读文化历史传承、耕读教育新时代内涵、耕读教育实施路径以及国际农业素养教育国际比较四个方面对耕读教育实施展开全面、系统的分析。与此同时，汇集专家观点及 14 所涉农高校耕读教育特色实践案例，为全面推动耕读教育深入实施与可持续发展提供借鉴与启示。

（来源：全国新农科建设中心）

▶ **2023 年 10 月，高等教育农林类专业认证标准第三次研讨会在杨凌顺利召开**

此次会议由全国新农科建设中心主办，西北农林科技大学承办。教育部教育质量评估中心认证处领导及中国农业大学、南京农业大学、华中农业大学等 19 所高校的领导、教务处长、专家共 60 余人参加会议。此次会议为第三次会议，与会专家经过深入讨论，审议了认证标准文件，研究制定了农林类专业三级认证指标体系和考察要点。

（来源：全国新农科建设中心）

▶ **2023 年 10 月，新农科科教融汇发展论坛在青岛举办**

此次论坛由中国高等教育学会主办，中国高等教育学会科技服务专家指导委员会、浙江农林大学、国药励展共同承办。中国高等教育学会副秘书长郝清杰出席论坛并致辞。浙江农林大学、华南农业大学、上海交通大学、吉林农业大学、南京农业大学、山西农业大学、浙江省农业科学院、浙江农林大学等院校领导出席论坛。

（来源：中国高等教育学会）

▶ **2023 年 11 月，2023 世界农业科技创新大会多场论坛成功举办**

2023 世界农业科技创新大会举办了世界农业高校校长论坛暨 2023 年度全国农林高校校长论坛、世界农业科创投资论坛、世界农业企业家论坛、国际农业交流合作论坛、全球青年论坛、未来食物助力营养健康与环境可持续论坛、低碳农业与可持续发展论坛等多场会前论坛。

（来源：中国日报中文网）

▶ **2023 年 11 月，全国新农科论坛暨第十一届全国高等农林院校教育教学改革与创新论坛在成都举办**

此次论坛由全国新农科建设中心主办，四川农业大学承办，聚焦"高质量推进新农科建设，筑牢农业强国人才根基"主题，全国高等农林院校学者、业界专家及政府部门、企业代表 200 余人齐聚一堂，展开深入交流，旨在进一步贯彻落实习近平总书记系列重要指示、批示和重要回信、重要讲话精神，全面总结新农科建设的新进展、新成效、新思路和新业态，进一步加快推进新农科建设，汇聚全国农林院校合力，把握新时期高等农林教育时代使命，共筑高质量农林人才自主培养体系，为全面推进乡村振兴蓄势赋能。

（来源：四川农业大学）

▶ **2023 年 12 月，江西省 2023 年新农科建设暨涉农教育课程思政研讨会举办**

由江西省教育厅指导、江西省新农科教育研究中心主办、江西农业大学承办的江西省 2023 年新农科建设暨涉农教育课程思政研讨会在江西农业大学举行。此次会议围绕"加快新农科建设 推进全省高等农林教育创新发展"主题进行了学术交流与研讨，会议包括主旨报告、交流报告、企业交流、交流研讨等议程。

（来源：江西农业大学）

▶ **2023 年 12 月，农业农村部共建高校专题交流会在江苏南京召开**

农业农村部科学技术司、教育部高等教育司在江苏南京召开共建高校专题交流会，深入贯彻落实党的二十大精神和习近平总书记给全国涉农高校的书记校长和专家代表重要回信精神，进一步强化涉农高校在加快建设农业强国中的使命担当，谋划新时代教育、科技、人才协同融合发展。

（来源：农业农村部）

▶ **2023 年 12 月，怀进鹏视频出席绿色教育部长级圆桌会议**

绿色教育部长级圆桌会议在阿联酋迪拜举行，教育部部长怀进鹏做视频致辞。绿色教育部长级圆桌会议是第 28 届联合国气候变化大会配套活动，由阿联酋教育部和联合国教科文组织共同举办，旨在讨论教育在全球应对气候变化行动中的关键作用，强化气候教育合作伙伴关系。

（来源：教育部）

▶ **2023 年 12 月，聚焦数字时代与高等教育可持续发展 2023 高等教育国际论坛年会举办**

2023 高等教育国际论坛年会在厦门大学举办。此届论坛的主题是"数字时代与高等教育可持续发展"。教育部党组成员、副部长吴岩出席会议并致辞。

（来源：《中国教育报》）

▶ **2023 年 12 月，全国新农科水产教育联盟 2023 年度会议暨教育部水产养殖学专业虚拟教研室（建设试点）论坛顺利召开**

此次会议的主题为"共建·共融·共享"，旨在不断提升高等水产教育高质量发展。会议由全国新农科建设中心指导，全国新农科水产教育联盟、教育部水产养殖学专业虚拟教研室主办，华中农业大学承办。

（来源：全国新农科水产教育联盟）

▶ **2024 年 1 月，中国高等教育学会高等农林教育分会 2023 年会暨第三届高等农林教育论坛在长沙召开**

由中国高等教育学会高等农林教育分会主办，湖南农业大学承办的中国高等教育学会高等农林教育分会 2023 年会暨第三届高等农林教育论坛在长沙举行。论坛以"高等教育赋能农业强国建设"为主题，共商高等农林教育改革与发展之策，共促高等农林教育更好赋能农业强国建设，高等农林教育分会秘书长、中国农业大学本科生院常务副院长曹志军主持开幕式。

（来源：高等农林教育分会）

▶ **2024 年 2 月，中央一号文件强调"加强高等教育新农科建设"**

2024 年中央一号文件发布，文件第四部分要求：实施乡村振兴人才支持计划，加大乡村本土人才培养，有序引导城市各类专业技术人才下乡服务，全面提高农民综合素质。强化农业科技人才和农村高技能人才培养使用，完善评价激励机制和保障措施。加强高等教育新农科建设，加快培养农林水利类紧缺专业人才。发挥普通高校、职业院校、农业广播电视学校等作用，提高农民教育培训实效。推广科技小院模式，鼓励科研院所、高校专家服务农业农村。这是自 2009 年中国工程院院士、中国农业大学张福锁教授团队在曲周县建立全国第一个科技小院后，科技小院首次写入中央一号文件。

（来源：新华社、全国新农科建设中心）

▶ **2024 年 4 月，"四新"融合背景下高等农林教育课程改革与教材建设研讨会召开**

由中国高等教育学会高等农林教育分会指导，中国农业大学出版社与山西工程技术学院共同主办的"四新"融合背景下高等农林教育课程改革与教材建设研讨会在山西阳泉成功召开。与会代表共同探讨新时代下"四新"融合农林教育的发展之路。

（来源：中国农业大学）

▶ **2024 年 4 月，广东省本科高校新农科建设指导委员会（扩大）会议暨新农科建设论坛顺利召开**

　　为加快新农科建设，切实提升新农科教材建设水平，打造一批新农科精品新形态教材，推进高等农林教育创新发展，由广东省教育厅指导，广东省本科高校新农科建设指导委员会主办，华南农业大学承办，北京文华在线教育科技股份有限公司协办的广东省本科高校新农科建设指导委员会（扩大）会议暨新农科建设论坛在广州从化举办。

（来源：华南农业大学）

全国新农科建设进展简报

2023 年简报

2024 年简报

郑重声明

高等教育出版社依法对本书享有专有出版权。任何未经许可的复制、销售行为均违反《中华人民共和国著作权法》,其行为人将承担相应的民事责任和行政责任;构成犯罪的,将被依法追究刑事责任。为了维护市场秩序,保护读者的合法权益,避免读者误用盗版书造成不良后果,我社将配合行政执法部门和司法机关对违法犯罪的单位和个人进行严厉打击。社会各界人士如发现上述侵权行为,希望及时举报,我社将奖励举报有功人员。

反盗版举报电话 (010)58581999 58582371
反盗版举报邮箱 dd@hep.com.cn
通信地址 北京市西城区德外大街4号 高等教育出版社知识产权与法律事务部
邮政编码 100120

读者意见反馈

为收集对教材的意见建议,进一步完善教材编写并做好服务工作,读者可将对本教材的意见建议通过如下渠道反馈至我社。

咨询电话 400-810-0598
反馈邮箱 gjdzfwb@pub.hep.cn
通信地址 北京市朝阳区惠新东街4号富盛大厦1座 高等教育出版社总编辑办公室
邮政编码 100029

防伪查询说明

用户购书后刮开封底防伪涂层,使用手机微信等软件扫描二维码,会跳转至防伪查询网页,获得所购图书详细信息。

防伪客服电话 (010)58582300